手作人の快樂經營方程式

● 55實例 ●

教您成為手作「職」人！

網路商店・店鋪
手作市集・手作教室・課堂講座
書籍出版・委託設計・SOHO接案
個展・Youtuber・跨界合作

マツド　アケミ◎著

前言

想把興趣當成工作！

抱持著這樣想法的手作人們與日俱增。

相較於數年前，以手作雜貨為主題舉辦的販售會、網路行銷通路……也愈來愈多，甚至許多大型的企業也開始關注起手作文創這個領域。

以手作為業的環境，似乎已日益成熟。

本書中，訪問了許多以手作雜貨為本業的日本職人，提供寶貴的工作經驗、成功祕訣，並將其工作實例及入門的方式彙整成圖表、圖示，供您參考。

以手作為興趣並融入生活的手作人們，總是生氣蓬勃、充滿熱情，希望能以此為職，進而拓展為業。若本書有幸成為您大顯身手的契機，真是一件最令我開心的事。

那麼，我們要從哪裡開始呢？

一起展開通往美好未來的第一頁吧！

手作雜貨的工作地圖

喜歡手作！喜歡雜貨！如果能將「興趣」化為「工作」該有多好，您也有這樣理想嗎？
當然一定有不少想賺點零用錢的小本經業者，
而自立門戶、獨立創業的傑出手作家前輩們，更是不在少數。
手作人的工作地點可不必侷限於一處，到處都是可以揮灑的空間。
到底哪些工作是屬於這個範疇呢？本書將所有與手作雜貨有關的工作，逐一介紹給您。

想將手作雜貨
當成我的工作！

進行銷售

「我要這個！」顧客買了因興趣而製作的雜貨，真是令人開心的事呀！其實有許多專為銷售個人自製商品而設立的通路。

進行教授

創作出色的雜貨時，也希望能將作法傳授給想學習之人。將手作雜貨的作法授與他人，也是手作雜貨的工作項目之一。

A 參與活動・市集

一般而言，支付參展費用即能進行銷售，並能藉此直接獲得購買者的回響。許多專注於創作的手作家，會固定參與特定的活動・市集。

P.21

C 經營網路商店

網路的世代來臨，一般年輕消費者已習慣了搜尋網購。擁有自己的網路商店，也成為手作家受歡迎的要素。P.47

B 委由商店銷售

將作品委由商店代售的方式。將銷售業務交由專業銷售服務，自己可專注於製作。作品若能委託人氣商店銷售，可獲得更多關注。P.31

D 社群市集（市集）

近來手作社群市集備受矚目。若想在網路進行販售，利用手作社群市集的交流、銷售，亦可像在網路商店販售一般。

P.53

A 在自宅教室

沙龍型態教室。將學員邀請至自宅教室，進行手作交流、教學。自宅上課能省下場地費用支出，此種上課方式，非常推薦給宅邸可招待來客的手作家。P.77

B 擔任手作講師

廣受歡迎的人氣作家有機會接到文化單位的授課邀約。有不少人以講師實績當成雜貨作家履歷之一，作為下一個工作的跳板。P.82

C 通信講座

網際網路無遠弗屆，有愈來愈多手作家將課程內容上傳至網路並以此為業。P.87

A 活動主辦

除了參加活動之外，亦可自行舉辦手作相關活動。與其他的手作家聯名，一同把將活動辦得熱鬧成功。以自己的雙手，完成心中理想的活動市集。

P.96

B 企業協作

作品要經企業之手進行商品化，或協助企業商品創作、設計。企業對於手作家應有的實力，有一定的要求。當工作規模變大，被要求的實力相對更大。企業協作是一項充滿挑戰性的工作。P.102

C 書籍出版

不少手作家以出版手作書籍為目標。有些來自出版社邀稿；有些會自行攜帶企畫案向出版社提案。

P.112

D 空間設計及場景設計

持續發表具世界觀新作的雜貨作家，常有機會被邀請參與商店、展覽的空間設計，或攝影場景設計，及其相關協助工作。

P.120

E 海外活動

日本有愈來愈多的作家，將其工作觸角伸至海外，而非侷限於國內。將日本人對於「可愛」之感，及其細緻的手作品水準，完整地傳遞到世界各個角落。

P.122

目錄 Contents

Part 2 手作雜貨的教學工作

不同教學地點　76

Part 3 拓展手作活動領域

專家的拍攝雜貨密技 63

※本書所刊載之圖片為採訪時拍攝。商品、服務、價格等可能有所變動，敬請見諒。
※本書所刊載之價格，若無特別註記皆為未稅價格。

Part 1

手作雜貨銷售的工作

以下將列舉一些手作雜貨銷售工作實例。近年來，銷售的方式愈形多樣化，如參加活動直接銷售、委由雜貨店代售及以網路銷售……找找看，其中是否有適合你的銷售方式吧！

Step 1

手作雜貨銷售的基礎

隨著手作人口的增加，手作雜貨的銷售方式也愈形多樣。即使沒能有自己的店鋪，網路方面也一竅不通，這都沒有關係，依目前的工作環境，也能找到適合自己的銷售場所。

然而，有了銷售場所，無論作什麼東西，都能賣得出去嗎？如果你這樣問我，我想還是有些部分無法說Yes。

想必在進行銷售之前，你一定有把手作雜貨送給家人朋友，收到的人都超開心的經驗吧？但作品銷售，指的是有金錢收入的行為。

也就是說，若顧客對你的作品未產生價值感，並不會掏錢購買。

那麼，要如何為雜貨成品賦予價值，並付諸銷售呢？

在進行銷售前，請依序確認以下所述之必備事項。

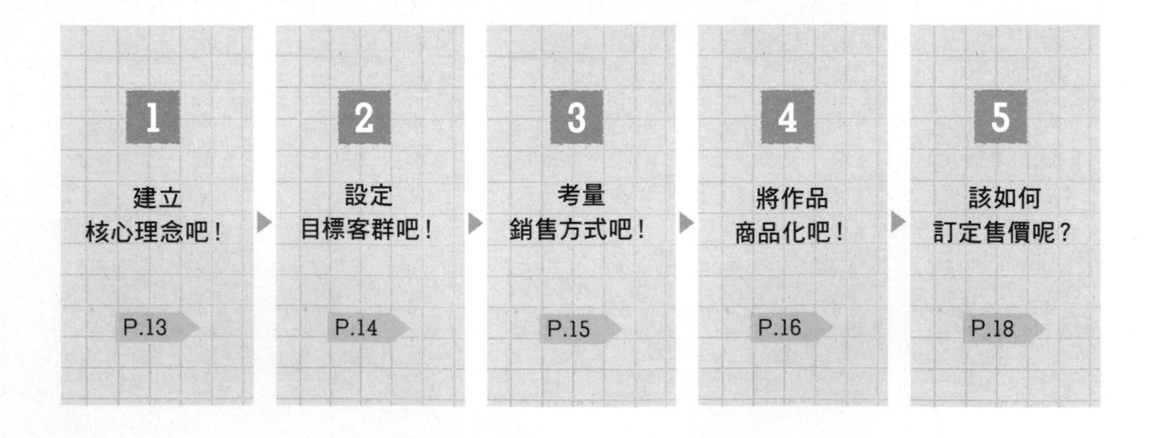

1 建立核心理念吧！

相同材料作成的手作雜貨，
有人的作品搶購一空，有人的卻乏人問津。
其中的區別，多半在於核心理念。

手作的核心價值在於獲得共鳴的「原創性」

若我是處於買方觀點來看，最在乎的重點是雜貨作家的作品是否具有原創性？

原創性也是能否吸引喜歡相關作品粉絲的重要因素。原創性的原意為「獨特」&「創意」，代表著手作人所須具備的兩種特質。而原創性彌足珍貴，並不是每個人與生俱來皆能擁有的能力。為銷售而作的雜貨，其原創性能否引起買方的共鳴，就是銷售的重點之一。

以核心理念呈現原創性

將引發共鳴的原創性加以呈現，就是理念。所謂的核心理念，就是自己喜歡的、創作的東西，與顧客喜歡的共鳴點一致。共鳴點多的手作雜貨，粉絲也會跟著增加。

因為核心理念的支持，創作時的猶豫或動搖，將會隨之消失無蹤。也有一說，核心理念是製作作品的標準。

建立屬於自己的「品牌」吧！

先找出自己獨有的核心理念，以此理念為基礎，進行製作並持續傳遞。雖然這樣流程再當然不過，但將此流程重複執行非常重要，關乎所創立的「品牌」是否能持續經營粉絲客群。

建構核心理念的方法

1 試著寫下自己喜歡的事物

想出大約五十個左右的關鍵字。

［例如：平穩的　小鳥　藍天　樹林　天然的　大自然　松鼠　微風……］

2 以雜誌剪貼、插圖或圖案組成一幅拼貼畫

將感覺不協調的部分，逐一排除。

3 整理歸納各個相關要素

將互有關聯的事物、詞彙、主題歸納起來。此一步驟所注意到的事物、詞彙、主題從中切入，歸納出核心埋念。

核心理念的實例

專為夢幻女性所作，
擷取自童話場景的 Marchen包包＆雜貨

◆kabott　川角章子　P.104

URL http://www.kabott.com

專為優雅、高貴而亮麗的
成人作的Positive Accessory。

◆Positive Edge　夏目紘華

URL http://ameblo.jp/positiveedge/

Point 修訂核心理念也很重要

在銷售之初所定的核心理念，也須視實際執行情況修正。將暢銷作品的特徵記錄下來，並加以強化，當成熱銷品製作的基礎。暢銷的物件，必有其暢銷的理由！

2 一起來設定目標客群吧！

目標客群，就是對你的作品產生共鳴，
進而考慮購買的顧客。
一起來詳細而具體地設定目標客群吧！

讓目標客群心生「是我嗎？」的契合感

如果在日本澀谷街頭大喊：「那位小姐！」我想任誰都不會有反應吧？但如果改成「那位二十多歲、戴眼鏡的小姐！」想必就會有人因此回頭。「咦？是在找我嗎？」你是否也曾被廣告文案「專為想在夏天之前瘦5kg的你」吸引，而心頭一震過呢？

此廣告主要針對預設的目標客群，使用明確的詞彙，讓對方產生「咦？是在找我嗎？」或「沒錯，就是在說我！」的聯想。

目標客群＆核心理念的密切關係

一旦確定了目標客群，需要傳遞什麼資訊，才能引起目標客群興趣，此一課題，也瞬間清晰了起來。

例如，P.13所介紹Poitive Edge的夏目，其目標客群為四十至五十多歲、經歷過日本泡沫經濟時代、時尚且積極的女性。她特意選擇優雅華麗的作品圖片，搭配極盡奢華的氛圍及精準的文案，希望能贏得這些四十至五十多歲、能隨心所欲支配金錢的成熟女性的喜愛。使目標客群的女性們心生「我喜歡這個理念！」的相互共鳴。

對你的核心理念產生共鳴者，就是目標客群的本質。

一起來設定目標客群吧！

❶ 將符合核心理念的目標客群加以形象化

因買到你的手作雜貨而雀躍的人，會是什麼樣的人呢？將符合目標客群形象的圖片從雜誌剪下，作成一幅拼貼畫，你想知道的答案便呼之欲出。

❷ 將目標客群的生活型態賦予形象化

性別、年齡、收入、家族組成等資料，將有助品項及價格之設定。所從事的工作類型？年收入多少？穿著打扮、喜歡的生活方式如何？以至於鍾愛哪一類的電影、書籍、歌曲等興趣嗜好，也都要詳加設定。

❸ 詢問朋友的意見

請朋友實際看一下作品，並一同集思廣益：什麼人會使用這件作品呢？以求精準掌握目標客群的形象。

Point 瞄準目標客群，不只是理想！

目標客群，並不是一定能成為理想顧客。其觀點也並非在於「如果是這樣的顧客就好啦！」而是要具體地考量，誰會對你的作品實際產生共鳴。例如，對嬰兒圍兜、學步鞋的手作家而言，其目標客群不只是「喜歡手作雜貨的人」。想要尋找非量產、有手作暖度的初生嬰兒賀禮者，及身邊有朋友、熟人或親戚剛誕生Baby者，皆為潛在顧客人選。

3 仔細思考 有哪些銷售方式呢？

銷售手作雜貨的方法及通路愈來愈多。
想要在哪裡？以什麼方式來販售自己手作品？
讓我們好好地思考一下吧！

販售方式 1 自售

如果你想聽見客人的聲音，看到他們購物時的笑靨，以參展直售的方式進行販售，最適合不過了！此外，透過部落格或網路商店販售，也是一個初期最節省成本的自售方式。

販售方式 2 代售

當你因家事、育兒、正職等因素而分身乏術時，可以考慮委託銷售。只須將作品委託給品味相仿的店家，待作品售出之後，再向店家領取扣除手續費後的貨款即可。

你的目標客群在哪裡呢？

每到週末，各地都會舉辦一些手作市集活動，客群依舉辦場所及主題內容各有不同。常聽到有人抱怨：「參展付了不少展出費用，可是作品卻都賣不出去。」也曾聽人說過：「委售商店的年齡層，跟自身的客層不同，如果沒有降價銷售，作品就會賣不出去。」

自己的目標客群到底在哪裡呢？若未考量此一環節，因為自己想要經營、受到邀請，就盲目跟從，即有滯銷的可能。

當你無法確定要以哪一種方式銷售時，請翻閱本書再複習一次吧！

挑選銷售的地點

❶ 如果是第一次銷售作品 請挑戰活動・市集

從每週末的小型活動，以至於慶典般的大型活動，各地不時都會舉辦各類型的手作、藝術市集。正在為自己手作雜貨是否暢銷而忐忑不安、尚未確定作品風格的你，不妨試著參加活動，面對面傾聽顧客的聲音，並且確立作品往後的方向。

詳請見 P.21

❷ 想要全心投入作品創作，可將作品委託雜貨店、精品店、格子商店代為銷售！

就算無法與顧客直接面對面銷售，若能將作品委由雜貨店、精品店或是格子商店代售，就有機會擴大銷售範圍。委託銷售雖然比自售多出了手續費的支出，卻可收代為經營作品，擴大作品能見度之效。

詳請見 P.31

❸ 在部落格或網路商店進行銷售 以累積粉絲群！

若能在網路上持續進行銷售，即使沒能進軍實體商店，也能慢慢地開發粉絲族群，並且藉以拓展口碑。市面上有不少部落格與網路商店，初學者也能輕鬆上手，可以試著使用看看吧！

此外，愈來愈多人使用的手作社群市集（市集），這是一種在網路上，以銷售為其目的的SNS。

詳請見 P.47、P.53

4 將作品商品化吧！

將手作品轉為商品化販售，須要準備些什麼？
讓我們來看看，
這些非作不可的條件吧！

必抄筆記 1 品牌名稱

近年來，手作雜貨業者幾乎多以活動時使用的名稱（活動名）＝品牌名稱。

當手作雜貨要以商品之姿進軍銷售時，請使用與你的名字相似的品牌名，讓人明確知道此作出自何人之手，並得以記住這是你的作品。

必抄筆記 2 品牌商標

品牌名稱必須搭配品牌商標。將作品附上名牌標籤，手作雜貨便瞬間化身成為商品。請將品牌名稱與商標合併考量。商標為長期使用，關乎品牌形象，因此商標設計非常重要。有些作家會找設計師訂製；有些人會使用自行手繪的商標。

商標實例

手作配飾製作達人——安部香，她的品牌名稱為LunaDraco，其品牌名稱的靈感，來自拉丁文的月亮（Luna）與龍（Draco）。結合了古今中外皆被喻為女性象徵的「月亮」，及翱翔巡視於天地、象徵自然界力量的「龍」。希望透過手作配飾傳遞幸福與快樂、夢與希望、勇氣與力量。

一起來設定目標客群吧！

❶ 已有他人使用

或許已有同類型作者使用相同的品牌名稱。使用前請先上網搜尋一下喔！

❷ 與知名企業或品牌名稱相仿

以知名企業的品牌名稱為名，恐有損害商標權之虞。

❸ 讀音不明或過於冗長

品牌的名稱若讓人記不起來，就失去了它的意義。讀音不明或過於冗長，都是令人難以記憶的敗因。

Memo 品牌名稱的商標登記

多以個人名義參加活動的雜貨作家，近來也著手將品牌名稱進行商標註冊。凡將商品或服務的品牌名稱登錄，他人即無法使用該名稱，藉由商標登記可獲得法律的保障。

LunaDraco的商標。以月亮與龍的圖樣為主題，藉商標呈現出品牌名稱的印象。
LunaDraco
URL http://lunadracoopus.blog.fc2.com/

必抄筆記 3 標籤

將印有注意事項的注意標籤與保證卡，隨作品附上，讓喜愛作品的顧客，能使用得耐久且放心。
舉例而言，若將附有遇雨褪色的注意事項及清洗方式，隨附在作品上，對買方而言較為安心。若作品本身附有金屬零件或鈕釦，提醒買家：請勿讓兒童吞食，以免發生意外，也是作者的重要責任。

必抄筆記 4 包裝

曾有過覺得包裝很好看，便不加思索地買下商品的經驗嗎？
作品本身吸引人，包裝也要時尚好看，才能達到吸睛的效果。
若想將包裝也含在商品價值當中，可以考慮加強設計，使包裝更加精緻講究。
在包裝針式或夾式耳環等容易遺失的作品時，可隨包裝附上遺失的處理方式。
若為蠟燭等容易因碰撞而缺損物件，請先放入透明盒子中，再行售出，較為安全。
話雖如此，但為了環保的考量，過度包裝也會讓人敬謝不敏。請就安全與設計面加以著墨，再考量必要的包裝方式吧！

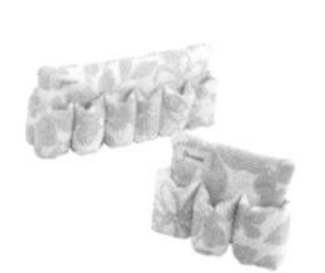

標籤實例

・名牌
印有品牌名稱及品牌商標的標籤。

・品牌標籤（亦稱標籤、紙標籤）
標註品牌名稱、商標、商品編號、顏色、材質及製造廠商聯絡方式的標籤。

・洗滌標籤、注意標籤（關懷標籤）
標註清洗方式、注意事項的標籤。

品牌標籤實例
Saori Mochizuki
望月沙織小姐
P.128

注意標籤實例
Yumeka
谷川夢佳小姐
P.28

包裝實例

牛皮紙簡單的質感，相當有魅力。
via*lactea
前田麻由美小姐
P.42

將作品放入有品味的紙盒裡，為作品加分。
12月的長頸鹿
つしまなほ小姐
P.56

如歐洲古紙般的厚紙板作為襯紙
Spinu
峰えりこ小姐
P.44

5 該如何訂定售價呢？

「價位要訂在多少呢？」
這是一個諮詢時，經常被問到的問題。
對手作雜貨者而言，要為自己的作品訂出價格，似非易事。

試算成本

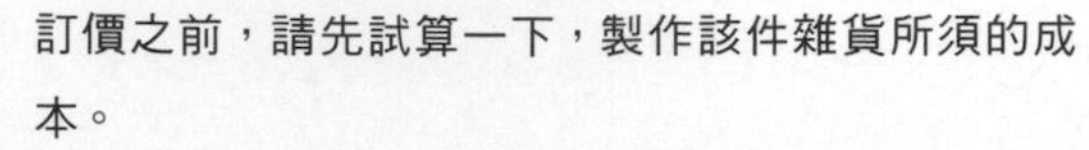

訂價之前，請先試算一下，製作該件雜貨所須的成本。

材料費（作品的材料費單價）
＋作業費（人事費）
＋包裝費（整批購入的商品單價）
＝成本（作品製作的必要費用）

以上所列舉的成本算式中，作業費包含了人事費用。在不能虧本的原則下，訂出一個不致澆熄你熱情的金額吧！

從成本端來考量售價？

與手作雜貨家的談話當中，得知一般所預設的售價，約在成本的三至四倍左右。所謂的成本，如上述算式所示，是在製作時所花費的材料及包裝費用。制定價格時，成本與利潤的考量都很重要。舉例而言，當作品委託雜貨店代售時，尚須由銷售額當中扣除手續費。若未將手續費預先反映在價格上，或許會有售出之後，扣掉手續費卻缺了材料費……等諸如此類的狀況發生。請參考右邊的算式，仔細考量將成本與利潤之間的關係吧！此外，亦須釐清直售與委售兩者的利潤差異之處。

成本計算實例

材料費	300日圓
＋作業費用	80日圓
＋包裝費用	20日圓
＝成本	400日圓

成本與利潤的關係式

例：成本400日圓的商品，以1,500日圓銷售

直接銷售時

1500日圓（售價）－400日圓（成本）＝ 1,100日圓（利潤）

※舉例而言，獲取的利潤當中，尚須參加活動所需之參展費用。

需支付銷售手續費，如委託銷售等場合

委託手續費為60%

1,500日圓（銷售價格）× 0.6（60%）（銷售手續費的掛率）＝ 900日圓（批發價格）

900日圓（售價）－400日圓（成本）＝ 500日圓（利潤）

Memo 委託銷售的專業用語

定價……售價
委託方賣給顧客的價格。
進價……批發價
作家批售商品給買主的價格。
掛率……委託方進貨價格為售價幾成，其百分比稱為掛率。
掛率60%稱為6掛，其銷售額之60%為作家入帳金額，另40%為手續費。

只從成本考量價格，NG！

左頁寫到定價多在成本的3至4倍左右。許多人是為成本疊上利潤後，訂出價格。不過，要成為一位職業級的手作家，這樣是不夠的。一開始將價格訂得太高，售出作品再大幅降價，這往往是手作家無法持續的原因。

價格所要對應的部分，不只是作品的材料，還取決於核心理念、銷售場所等品牌要素。作品製作所花費的成本，只是其中的一小部分。

價值由品牌價值而生！

A小姐所作的手作飾品，原先的售價為3,000日圓，如果現在想提高價格，要怎麼作才好呢？考量價格時，請先回想一下，你的核心理念與目標客群。

假定自己所預設的理想價格，約在一萬日圓左右，首先要考慮的是，誰會是購買者？在何處購買？接下來要採取何種措施，才能讓作品與新的價格相互呼應？舉例而言，採用之前未曾用過的素材製作、作品本身、商標與整體設計，都要有相當程度的提升。包裝與保證書皆為必備。銷售的地點，是接著要考量的部分。委託哪一類的商店銷售呢？放在哪個網路商店呢？販售要價一萬日圓配飾的店家，商品卻充斥著粗糙感時，與顧客的期待會有落差。換句話說，定價所考慮的層面，不單只於作品本身。

價格與商品之間的關係

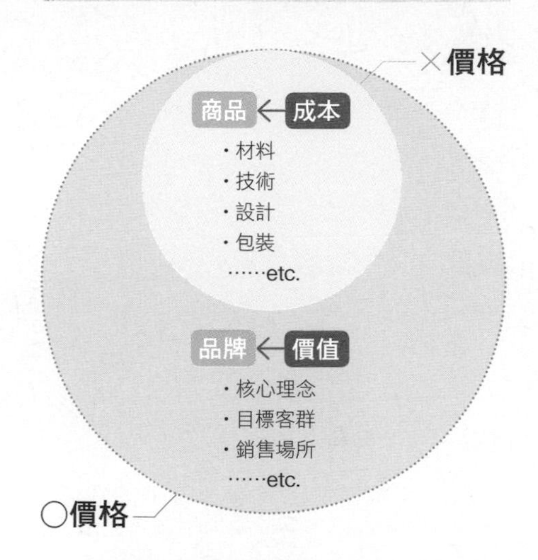

商品製作須花費一定比例的成本，但考量價格應取決於整體品牌，而非只針對商品本身。即使兩件作品一模一樣，其一為品牌商品，另一件則非，前者能取得的價錢將遠比第二件來得高。此即名牌產生的價值。

Point　製作者的形象也是品牌的一部分

我們身處於藉由網路點擊了解作品製作者的時代。近幾年來，雜貨作家也無不使出渾身解數，希望能不斷提升自身的品牌力。舉例而言，使用於手作家簡介的圖片。販售高單價作品的作者本人，若擺上身著休閒服飾的個人簡介圖，與作品形象落差太大，也會喜歡作品的粉絲失望。將自己也當成作品的價值，聽來似乎有些言過其實，但要記得秉持營造的風格，並保持自身的美感，也是顧客對品牌價值的期待。

Step 2

各種銷售場所

SteP.1中，已對手作雜貨銷售的基礎理念，進行了全面性的概括說明。

在製作作品時，先設定核心理念與目標客群，並設計品牌名稱、標籤等。

初步完成後，就開始著手販售吧！

想在哪裡開賣呢？

銷售場所與核心理念＆目標客群也有關係。

一件傾全力製作的絕妙逸品，被擺在不適合的銷售地點也會滯銷。反之，也有些手作家因更換了銷售場所，同樣的作品卻比之前來得暢銷。

Step 2將會以舉例（案例分享）的方式，介紹四種具體的銷售場所與銷售方式。

一起來看看這些實例、各種銷售場所與成功的祕訣吧！

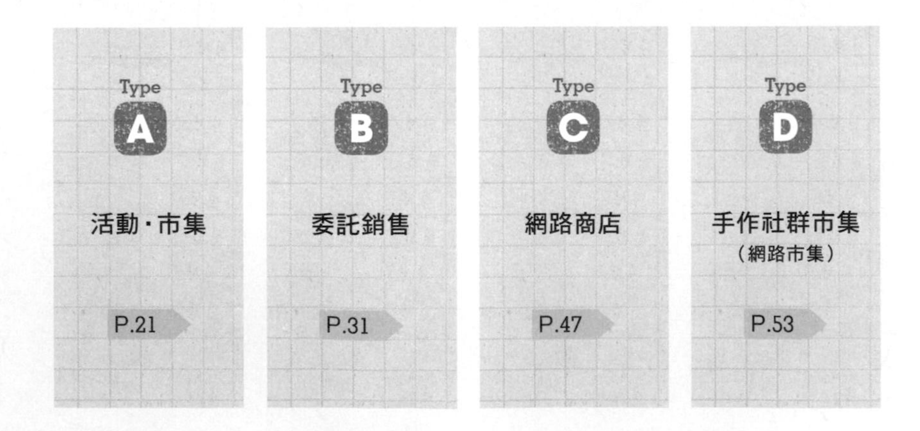

Type A 活動・市集

每逢週末，各地都會舉辦一些手作的活動。在各大搜索引擎中，輸入手作市集、手作市集、手作活動……關鍵字，加上想要參加的地區名稱，就能查詢到該地區附近的相關活動。
另外，有些雜貨店近來也會舉辦手作雜貨相關活動，主題或性質各有不同，可挑選出適合新手加入的活動。

活動・市集參展的幾點建議！

此類型銷售方式最大的優點，就是藉著參加活動・市集之直售方式，直接聽取顧客們的聲音。
透過與顧客間的互動，激發製作的靈感，並能與雜貨作家們取得橫向的聯繫。
也能以參展為契機，獲得其他活動邀約的機會。
可以試著先以顧客的身分，到附近舉辦的活動逛逛，從檢視會場氛圍，及到訪的客層開始吧！

活動・市集參展注意事項

關於活動所須的相關器具搬運工作，及搬進搬出時所花費的時間人力，在參加前就要有所規劃。尤其單人參展時，鑒於行李搬運亦為工作的一部分，請事先準備一個能在時間內，方便搬進搬出的行李。此外，如廁或用餐等須暫離攤位的情況，也要特別注意現金及商品的管理。

活動·市集參展之前的流程

參加活動·市集時，怎麼準備比較好呢？統整了活動前的準備流程，以供參考。

❶蒐集活動資訊

在網路搜尋到相關的資訊後，就先參加附近舉辦的活動吧！檢視當天的人數及氛圍……客層尤為檢視的重點！

❷找尋喜歡的活動，申請參與

一般多以電子郵件進行申請。

❸支付參展的費用

許多活動都須支付參展的費用。
多採事前匯款。

❹寄送活動的詳細說明

有一些大型的活動，會以郵寄的方式，寄送參加規章與注意事項，但大多數以電子郵件聯繫相關參展事務。

❺展出準備！

依活動主題及參加的章程，進行相關的準備。想一想當天要帶哪些作品前去？準備多少的數量？再依照計畫製作作品。也要準備展示用的看板、ＰＯＰ、分發的宣傳單、商店名片、個人名片……一一準備妥當。

Point 計畫性參與活動！

常聽到有人說，參加後才發現與自己所期望的活動內容差距甚大。請事先考量主辦單位的目的及參加者的期待後，仔細思考，是否是自己想要的活動。

出展之前的準備

確定參展之後，請在活動日前，將下列項目準備齊全。

☐作品（商品）
先想一想參展所須的作品量，再從活動日起往回推算，確認自己所能製作的件數。

☐宣傳單及商店名片
詳列品牌資訊的宣傳單及印有網路商店、部落格資訊的商店名片等，都要盡量要多準備一些喔！

☐展示用的器具
如果會場未提供租借的服務，則須自行搬入會場。先想一想，屆時要用那些器具？商品陳列的風格？活動當天的相關準備，也要鉅細靡遺。

☐POP、看板
商品名稱與價格的POP、品牌名稱的看板等，都一起帶過去吧！為讓大家能看得清楚，得要有一定的大小，才能吸引目光喔！

☐進行宣傳
好不容易參加展出，一定要好好宣傳！
近來有許多的雜貨作家，會自行在部落格、Twitter、臉書等發布訊息。從活動前一個月開始，就要陸續PO出相關文章喔！

曾參與十屆大型藝術活動「Design Festa」展出的口金包作家——Karen島田ふみ小姐所提供的愛用看板（左）及分發的物品（右）。

Karen　島田ふみか P.24

活動・市集當日心得

到了活動・市集當天，終於要大展身手了！但，要怎麼進行才好呢？

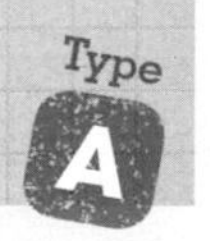

❶搬入商品・器具

根據活動規定，將商品、器具運入會場。亦運用宅配等方式，在活動開跑前送入會場。運入會場的商品種類及數量，都要加以管控。

❷銷售的準備

將商品陳列於場地、立起看板或POP等相關的準備。切勿阻礙走道及周圍的空間。

❸活動開始

活動終於要開始了。不僅要在活動當中，將商品賣給久候的顧客，也要試著從中點出商品的魅力，並藉著活動傾聽顧客的回響，可將其當成下次製作時的靈感。

❹活動結束・撤離

活動結束後，就要迅速撤離會場。注意不要遺漏物品喔！

❺銷售額統計・分析

未販售的商品從會場帶回後，要詳加確認並核對銷售額。並分析熱銷及滯銷的商品的成敗之因，作為下次參加活動時的參考。

Point 與顧客間的對話，亦為營造品牌形象的一環

舉例而言，你可試從製作雜貨的契機，或是品牌的名稱、logo等導入話題。全部的對話，都是以「你的品牌」作為主軸。

當日必攜帶物品檢查表

- □找零的錢
- □包裝用品
- □POP、看板
- □相關器具（租借亦可）
- □塑膠布（室外等適用）
- □搬運行李的行李車、行李箱
- □防曬及禦寒的對策
- □飲食、飲料

Memo 智慧型手機、信用卡付款

近幾年來，新增了一種在智慧型手機外接小型裝置，就能以信用卡輕鬆付款的服務。一開始的費用，約從免費至1000日圓都有。對於想在會場販售高價商品者，這是一款相當方便的服務。
（此為2013年12月的資訊）

・PayPal Here（美國PayPal／SoftBank）
手續費　3.24%
URL https:/www.paypal.jp/here/

・ Coiney（CREDIT SAISON）
手續費　3.24%
URL http://coiney.com/

・樂天SmartPay（樂天KDDI）
手續費　3.24%
URL http://smartpay.rakuten.co.jp/

・Square（美國Square／日本三井住友信用卡）
手續費　3.25%
URL http://squareup-com/jp

case study 01

創立「復古摩登」的品牌形象PR！

島田ふみか小姐

以款式多變、布料復古＆時尚，為karen品牌特色，迥異於其他的口金包作家。

口金包作家島田從2003年開始，每一年都會參加藝術市集及設計節的展出。推出多量且精緻的口金包，吸引大量粉絲購買。粉絲們似乎不只喜歡她的設計，亦傾倒於島田的人格特質。

Creator's Data

：Brand Neme

Karen（かれん）

：URL

http://ameblo.jp/karenbagtushin/

：Concept

「復古・時尚」

令人懷念的典雅韻味包包・口金包對新世代而言，是另一種復古時尚。

：Item

●包包・口金包

：Price

●包包：6,800至10,000

●口金包：2,400至4,200

：Activity

●於設計節・創作者市集參展

●網購・個展・口金包＊研討會（Karen的手作沙龍）

：銷售目標

40萬日圓（設計節兩日合計）

工作的歷程

緣起於嫁妝縫紉機
從為孩子與自己縫紉開始

「不知道當初為何會買縫紉機當成嫁妝，只好為它找份工作。」島田笑著說。這就是手作布小物的契機。有著在服飾公司工作的累積經驗，加上自己本身非常喜歡洋裝！島田小姐與住附近的朋友，各自帶著自己的縫紉機縫製自己的洋裝，也為孩子製作海灘裙及幼稚園書包，一起沉浸在手作的快樂當中。

作品先委託自由之丘的雜貨店代售，
接著設立了網路商店

自由之丘某家雜貨店，因為見到島田背的一款手作包，便開口提出邀請，表示希望代理該款包包，於是從2002年開始進行委託銷售。該款包包以有機布搭配美國棉布所作，交貨之後立即成為熱銷商品。而後建立網頁，從2003年起，以Karen為品牌名稱，進行網路銷售。

腳踏實地工作不輟
參加活動節歷時十年

島田於2003年12月，於設計節參展。原為住在附近的友人，以自製帽子在設計節展出，分享了愉快的參展經驗，因此相約朋友三人一同參展。而後，每年皆以專營的口金包，連續參加十屆設計節展出。

Karen

Humika Shimada

Brand History

2002年	開始以委託方式經營書包業務。
2003年	以Karen的商店名稱展開活動。 補翻譯
2004年	電影・廠商商品設計， 為電影《天国の青い蝶》 設計獨家商品。
2006年起	因病調養， 而縮小工作範圍。
2010年起	在arrivee et depart舉行個展。 （自由之丘・新宿・池袋）

Pick Up Items

B

A

C

A經典人氣商品2way口金包。口金的部分為提把。
B可放入五本存款簿及兩張卡的多功能收納袋。
C鍊條口金化妝包。鍊條的部分可取下。

成功的祕訣

向參展設計節十年經驗的島田
請教了開心準備參展的訣竅。

成功的活動，端賴準備順序！
Karen模式・數量之準備方法？

島田每次帶去設計節的口金包數量，都在兩百個以上！以存摺收納袋、眼鏡盒、口金背包、塑膠口金包，這四種Karen的基本款為主，再另外準備新作及斜背包等。熱銷商品單一品項，就會準備二十至三十個。「活動的成功與否，全看是否有充足的準備！」即為島田的參展心得。

若無法享受即失去其意義
參展的目的不只是數量

島田經常帶著大量商品向活動挑戰，但她參加活動的目的，並非只著眼於銷售量或營業額。活動對於島田而言，是一個相當寶貴的經驗。透過活動，她能傾聽平常聽不到的顧客心聲，而銷售反而是其次了。

若無法從中享受樂趣，也就失去了參加的意義，在此前提之下，島田想獲得的，似乎是比參展更為充實的東西。

嚴密！展出準備！

1 別上標籤並確認商品

以彩色的繩子，綁上獨創的標籤。懸掛在商品外側，讓顧客清楚作品的價位。

2 一邊考慮方便度一邊打包

這是運搬時常用的行李箱。使用慣用的箱子，會較為順手！

3 以顧客的角度與動線進行會場布置

以吸引來客目光的高度與品項，為擺設陳列時的考量。

工作上的好點子

**擁有各種活動銷售經驗的島田
以達成銷售目的，為我們提供的必勝祕訣！**

為追求最佳的展示成果
在家中預先演練

活動剛開始時，來客數會比較少，但展出者若未充分準備，好不容易才來一趟的顧客，一樣會很失望。要在事前備妥相關物品，且在家中先演練一番，才能在一個人參展的情況下，接待大量的客人，並在短的時間內，以最佳的方式展現作品。

以略有高低的方式陳列物品，呈現出豐富的份量感，更甚於平面擺放於桌面。先準備好平常慣用的道具與備品，能縮短每一次準備的時間。

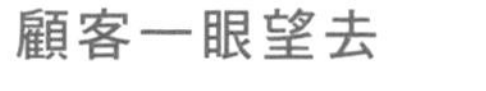

顧客一眼望去
皆是與品牌相關的商品

五彩繽紛的手製看板上，擺放滿滿的復古時尚口金包。

商品上面掛著印有商標的標籤。從整體形象到商標上的標誌，望眼一瞧盡是Karen品牌。

正因視線所及之物皆有關品牌形象，因此不單是工具、看板、DM或商品，會場中也吊掛著復古而時尚、稍見歲月痕跡的手作洋裝。

POINT 1

準備看板與DM

為讓人一眼就留下深刻的視覺印象，請準備搶眼的看板，及極富品牌形象的傳單、DM。

以發傳單及DM的方式
經營顧客的動線！

在活動購買商品者，下次一定也會光顧？其實並不盡然。想要讓人一來再來，一定要讓自己成為一個「難忘之人」。使用散發傳單、DM或登錄郵件雜誌等的方式，建立與顧客之間的互信動線，也是一件很重要的事！

POINT2

也帶幾份名片在身上，以便隨時推廣商品。

島田在參加活動時，喜歡以肩背口金包代替收銀機。營造想像的空間，提升實用性的宣傳效果！

活躍於
活動・市集的作家們

下面要介紹幾位在活動及市集當中，
販售個性手作雜貨的手作家。
一起聽聽他們之所以選擇在活動販售的理由。

case study 02

作品有著令人莞爾的幽默感
相當具有魅力

乙幡啓子小姐

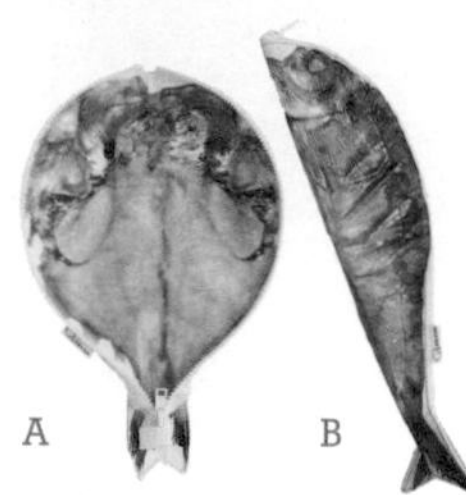

A 海鮮魚小收納包
B 仿魚形收納包

Why Event?

「將作品自由地展示販售，就能探知顧客的迴響，直接聽見顧客的聲音。」

Creator's Data

：Brand Name
妄想工作所
：URL
http://mousou-kousaku.com/
：Concept
達成玩笑＆認真的交集。將古怪的東西平常化。
：Activity
・參加設計節等活動
・參加大型零售店活動
：銷售目標
100萬日圓（單月）
20萬日圓（活動一次收入）

case study 03

以讓人倍感溫暖的紙・布・木
作成的各種雜貨

世里香小姐

A 黃與布的鑰匙圈・吊飾
B 包包頭的千　里化妝包

Why Event?

「能直接招呼委售雜貨店的顧客，與許多人直接對話。」

Creator's Data

：Brand Name
Serika
：URL
http://ameblo.jp/serika0127/
：Concept
・可愛又能放鬆心情的東西。
・能博得愛人歡心的東西。
：Activity
・於雜貨店委託銷售
・參與設計節的活動
・插畫家工作
：銷售目標
50萬日圓（單月・雜貨銷售額）

case study 04

以鉤織為主的手織品
及雜貨小物為主

ITOUSUMI小姐

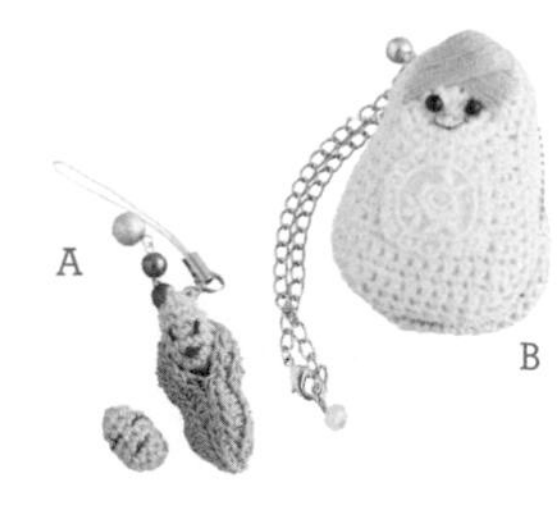

A 俄羅斯套娃化妝包＋附鍊子款、
B 落花生＋附吊帶款

Why Event?

「在活動現場可以清楚知道顧客想要的商品是什麼。」

Creator's Data

：Brand Name
with ink.（ITOUSUMI）
：URL
http://plaza.rakuten.co.jp/with_ink/
：Concept
讓日常生活帶點微小幸福的可愛小物。
：Activity
・參加關東・關西・巴黎舉辦的活動
・參加日本模型展的展台展出＆研討會
：銷售目標
無

case study 05

以舊衣服、碎布與亞麻布
製成的飾品

谷川夢佳小姐

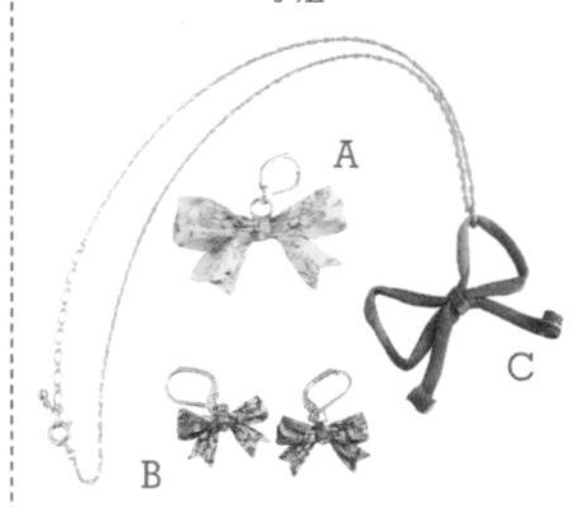

A 蝴蝶結穿孔耳環
B 迷你蝴蝶結穿孔耳環・一對
C 圈圈蝴蝶結項鍊

Why Event?

「可以在不同於店 的場合展示作品，覺得非常開心！」

Creator's Data

：Brand Name
Yumeka
：URL
http://tanikawayumeka.com
：Concept
像孩提時的憧憬，或無法忘懷的夢一樣，停留在記憶裡的特別禮物。
：Activity
・百貨公司活動，及專案特別活動
・於精品店、雜貨店銷售
・與品牌服飾之聯合企畫
：銷售目標
10萬日圓（活動一次收入）

case study 06

愈用愈用有魅力
刺繡的包包與洋裝

Shiori Kiuchi小姐

市集風迷你包

「不需要交易手續費，不少銷售點所收的展出費用也很合理，並能輕鬆得知顧客的反應。」

Creator's Data

：Brand Name
-SASHIKO'S ATELIER GYPSOPHILA
：URL
http://ameblo.jp/sashiko-a-g/
：Concept
在時尚的拼布流行款式・服飾提案，融入日式的風格。
：Activity
・參加手作市集
（青空個展等）
・參加百貨公司的活動
：銷售目標
無

case study 07

喜歡雜貨的女子
會情不自禁戴起的帽子

fish 小姐

健康/參考商品

「因為能直接獲得顧客的迴響，且因應各種客層，改變展現的方式布置空間，也是一件相當開心的事。」

Creator's Data

：Brand Name
Lemon Lime Fish
：URL
http://lemonlimefish.com/
：Concept
讓人印象絕妙、雜貨般的帽子。
：Activity
・在畫廊、美術館、 貨店、精品店等委託銷售
・Creema（→P.62）與HP銷售
：銷售目標
10至20萬日圓（單月）

case study 08

販售透明水晶印章與
紙類品項

KIKUCHIKUMI小姐

透明水晶印章「恭喜」

「藉由置身於不同於製作場地的環境，以拓展視野，顧客的回應與意見，也能當成創意的點子。」

Creator's Data

：Brand Name
co-sa
by ScrapBooking Air
：URL
http://www.co-sa.com
：Concept
支持你想作的。
：Activity
參加手作等活動
：銷售目標
每回活動前設定

case study 09

可用來裝飾房間
的蘑菇小物

NITSUKO小姐

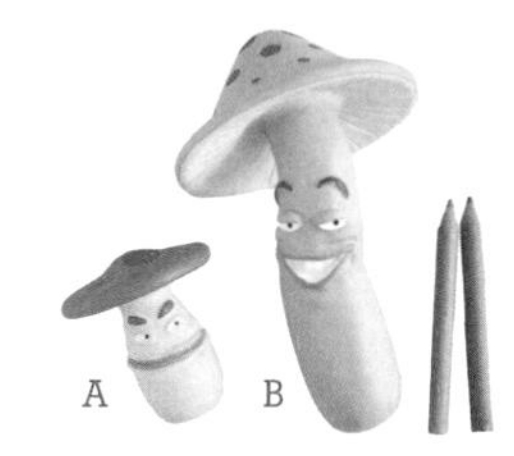

A 哼唱的蘑菇（S size）
B 哼唱的蘑菇（M size）

「可以很清楚地知道，什麼樣的人喜歡自己的作品。」

Creator's Data

：Brand Name
NIKKO
：URL
http://porta-bella.jimdo.com/
：Concept
開心的微笑「哼唱的蘑菇」
：Activity
・參加Creators Market等的藝術活動
：銷售目標
無

有關銷售手作雜貨的活動・市集資訊

以下介紹幾個手作家所參與的活動・市集實例。（皆日本2013年資訊）

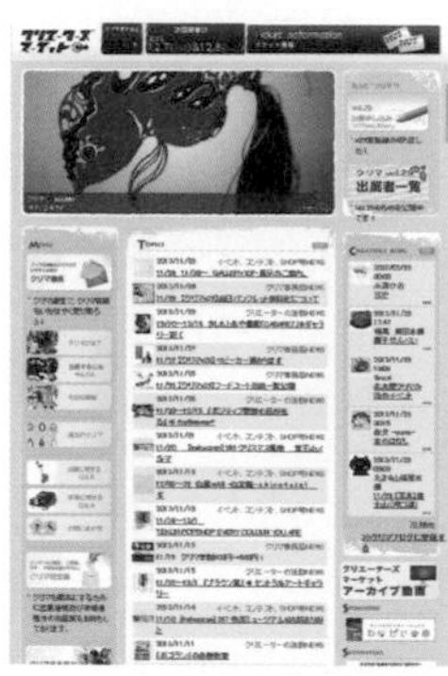

在名古屋舉辦最大規模的市集。集合了時裝、室內裝飾、手作 品、藝術等各類的原創作品。近年來木工、皮革、玻璃等手作作品，也廣受歡迎。被譽為高水準且專業的作品展。

creators Market

http://www.creatorsmarket.com

舉辦日程／每年2次（六日兩日）
參展人數／約4200人
入場人數／約7萬人
參展費用／
一般展台（2m×2m）2天 15,750日圓
小型展台（1m×2m）2天 10,500日圓
主辦單位／VITA有限公司 creators Market祕書處
參加條件／
僅限原創的作品。除了手作品之外，也受理設計後訂製之自製作品。

源自關西的人氣戶外市集，以「你環保的一小步，是環保的一大步」為主題。東京市集為2013年第四次舉辦。以環保素材製成作品。手作兒童服裝、小孩雜貨、布製小物與帽子等物件，都很受歡迎。

LOHAS in東京

http://www.lohasfesta.jp/

舉辦日程／
於9月的周末舉辦（2天）
參展人數／250個展位
入場人數／約6萬人
參展費用／未定
主辦單位／
樂活族節實行委員
參加條件／
登錄之後進行審查

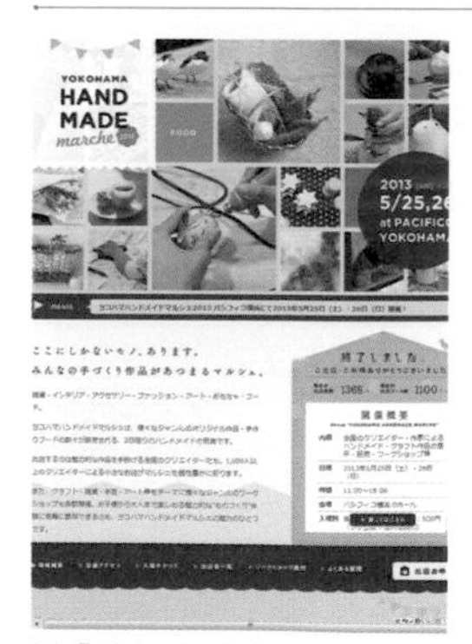

以「這裡有的東西，別處沒有。集合大家手作品的市集」為理念。可以自由參加！初次參加者為數不少，提供新手作家入行，並能藉此營造新的粉絲，相當有魅力。

YOKOMAMA HANDMADE MARCHE

http://handmade-marche.jp/

舉辦日程／於4至6月的周末舉辦（2天）
參展人數／約1400人、1100個展位
入場人數／約1萬3千人
參展費用／短型展台1天約7,800日圓起　四方形展台1天約12,800日圓起
主辦單位／
橫濱手作市集實行委員會
一般社團法人藝術節推廣機構
參加條件／
個人、團體之原創手作品展示、銷售。

台東區人氣活動「MONOMACHI」當中的活動之一。區外創作者也可參加。作者需要講解作品。活動裡雖有許多鑒別眼光嚴苛的顧客，但只要作品的品質夠好，即使售價偏高也能順利售出。

創作市集

http://www.monomachi.com

舉辦日程／5月下旬
參展人數／約90個展位
入場人數／約1萬人
參展費用／
淺草橋會場　兩天 15,000日圓
2K540會場　三天 23,000日圓
主辦單位／台東創作市集城市建設實行委員會
參加條件／
專業的手作職人或明確以專業為目標的手作家。在國內企劃、生產的物件，或以銷售為目的之手作品。

Type

委託銷售

近來在各地增加了不少代理手作雜貨的商店。商家們不僅會透過網頁、部落格招募雜貨作家及手作品，也以Twitter來招募作家。而有些作家則會找尋接受委售的商店。
進入搜尋引擎，輸入手作雜貨、委託銷售、委託商店等關鍵字，應該就能看到一串搜尋結果。建議盡可能抽空到感興趣的店家拜訪，親身感受店家、老闆及其手作雜貨的氛圍。

委託銷售的幾點建議！

代理銷售作品，是委由商店代售之最大優點。
即使家中有小孩讓你分身乏術，或因另有工作無法參展，店家也能代為解說販售，能讓你全心投入作品的製作。
委售方式沒有地域上的限制，日本各地都是可以你的販售處。
經常聽到，有手作家將作品長期委託人氣商店銷售，經由店家登上雜誌、電視等報導的例子。

委託銷售的注意事項

受理委託銷售的商店愈來愈多，想找到委售的店家並非難事。店家在招募作家時，多半會進行審查。請在網頁、部落格及郵件，都先貼上圖片，先讓店家了解作品魅力之所在。
此外，雖作品交由商家代售，也不能放任不管。與店家取得充分溝通，讓對方知道自己擁有持續提供更具魅力作品的能力，也是很重要的重點。
因為銷售額當中，尚須扣除手續費（因商家而異），因此在定價時，要將利潤列入考慮。

委售錄用之前

先要找到委託方並被錄用，才能以委售的方式銷售作品。以下為錄用前的準備步驟。

❶從網路蒐集相關資訊

從網路搜尋到招募作家的相關資訊後，如果店家就在附近，就親自跑一趟看看吧！網站當中若刊有募集事項，也要確認一下內容喔！

❷找喜歡的商店應徵

找一家作品風格、核心理念都有共識的商店，共同攜手合作吧！

首度聯繫，建議以電子郵件的方式進行。手作雜貨店多屬小規模的經營，如果以電話聯繫，去電時或許老闆正在接待來客，沒有空接電話。務必在郵件當中寫下自己的部落格及網頁URL，讓對方了解自己的作品風格，與平常活動的模式。

❸認交易條件

即使店家與自己的核心理念及作風都很契合，在正式交易之前，也要將交易條件確認清楚。如果商店的位置比較遠，多半以電話或e-mail確認；如果店家就在附近，建議盡量親自拜訪，順便觀察店內的氛圍。

❹委售錄用

最後的決定權在於店家，先靜候錄取通知吧！不過，當回覆時間超過預期時，也可稍微詢問一下喔！

交易條件確認表

□交易的型態

手作雜貨店的委託銷售方式，多以無庫存的方式進行，也有以買斷方式交易的店家。

□掛率

若決定採用委託銷售的方式，則要先確定手續費的百分比。如果掛率為70%，則定價（售價）的30%，為支付給店家的手續費。

□結帳日・付款日

決定起訖的時間，從店家處收取銷售報告。該期間之最末一天為結算日，收取結算日前之貨款，該日為付款日。

□交易期間

屬於短期活動或為長期的經營，都要詳加確認喔！

□關於郵資

逕行交貨的交通費，由作家自行負擔。當店家有急需，要以郵寄方式交貨時，請先確認由誰來哪一方支付郵資。

□匯款手續費

一般皆以銀行匯款的方式，將款項匯入帳戶。請確認由哪一方負責匯款的手續費。

Point 交易條件以文件方式保存！

接受委售的店家，基本上都會準備詳記交易條件及備忘錄等文件。如果店家沒有準備也無妨，可先以電子郵件詢問相關事項，取得必要事項的書面回覆，此書面回覆於雙方意見分歧時，可供佐證之用。此外，該項回覆也要列印下來，妥善保存喔！

終於要開始交易了！

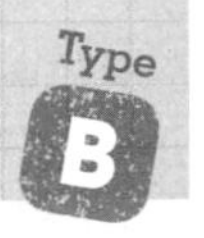

完成與委託銷售店家的確認事項及面談，終於來到交易的時候了！一步步檢查出貨時的應確認事項吧！

❶確定出貨的日期

面談的時候，也要將預定出貨日列入討論事項。依出貨日期準備貨品並行寄送。一定要遵守預定的交貨日期，以免造成店家的困擾。萬一來不及交貨，也要盡早聯絡對方。

❷交貨

以郵寄方式或是直接交貨皆可。交貨的時候，不要忘記附上送貨單。

❸自截止日到約定日期當中收取銷售的報告

銷售報告期間視商店需求而定，請先確認交易的條件。

❹在期限之前就銷售實績發行請款單

將請款單準備好之後，在店家指定的發行日之前交寄。亦可以e-mail附加檔案的方式傳送。

❺寄送入賬確認書

確認對方是否已於付款日匯入預定金額。如果發現款項有誤，確認之後要盡快與對方取得聯繫。

在委託進行期間，一邊依照步驟❸至❺反覆運作，一邊依照需求進行補貨。

交貨的注意事項

□採寄送方式時

為求慎重起見，要先將送貨的訊息，告知收貨人之所在商店喔！託運單也要歸檔收妥。

□採店內交貨方式時

請事先與店家約好時間。如果店家就在附近，不用怕麻煩，出去露個臉，跟老闆交個朋友吧！

以電子郵件聯繫注意事項

□簡潔陳述要點

溝通時間一旦拉長，郵件往返中斷也是有可能的事情。因此，郵件內容請力求簡單扼要。

□適度聯繫即可

對於自己的作品是否暢銷，每個人都一定很在乎，尤其是在第一次委售交貨後，更是心急如焚。但店家雖然想回答銷量，又要顧及你的心情，還是放寬心盡量不要聯繫過度，以避免帶給對方壓力。

Point 若面臨作品滯銷，首要與店家詳談！

當交貨後經過一個月，很遺憾地還沒動靜時，最好能與店家進行詳談，雙方討論一下，是否要維持原狀，或換成其他的作品販售。

出貨單與請款單

進行實際商業往來時，出貨單與請款單，都與現金一樣重要。請將下列事項謹記在心。

出貨單實例（日本格式範例）

出貨單

① TO HAND MADE SORA　様

② 納品書NO　HS-0010
③ 20XX年XX月XX日
Every Flower's　毎日 花子
〒100-0003　東京都千代田区1-1-1
03-XXXX-XXXX　every_flowers@co.jp

番	④ 品番	品名	⑤ 税抜上代	税込上代	税抜下代	⑥ 数量	⑦ 金額
1	C-001	コスモス ピアス（シルバー）	¥1,600	¥1,680	¥1,120	2	¥2,240
2	C-002	コスモス イヤリング（シルバー）	¥1,600	¥1,680	¥1,120	2	¥2,240
3	R-001	ローズピアス（ゴールド）	¥1,800	¥1,890	¥1,260	2	¥2,520
4	R-002	ローズ イヤリング（ゴールド）	¥1,800	¥1,890	¥1,260	2	¥2,520
5	R-003	ローズ ペンダント（ゴールド）	¥2,500	¥2,625	¥1,750	1	¥1,750
					合計	⑨ 9	⑩ ¥11,270

⑧ 掛け率　70%

出貨單與請款單的寫法

有些店家使用的是自有格式，有些則會請作家自製。出貨單與請款單有不少共通項目，若採自製格式時可一併製作。

出貨單・請款單的寫法

①送貨地點/付款方
填寫商店名稱。寫錯名稱是件很失禮的事。大寫與小寫等細節，都要詳加確認，慎重下筆。

②流水編號、日期
填寫出貨單與請款單的流水編號・日期。存根聯皆依流水編號歸檔。

③出貨人/請款方
寫上品牌名稱、作家姓名、地址、電話號碼，最好能附上e-mail及URL。

④商品編號・商品名稱
幫作品加上簡單的品名吧！如果有商品編號，也要記得寫上。製作商品型錄時，寫在型錄及成束商品上的商品編號、名稱，都務必字斟句酌。

⑤金額
分別填寫未稅未稅定價、含稅定價、未稅進價。

⑥數量
填寫數量。

⑦交貨金額/請款金額
未稅價格乘上數量的金額。

⑧交易條件
為求慎重起見，要先寫出計算定價、進價的掛率。

⑨總數量
填入作品的總數量。

⑩總金額
填入總金額。

寄出貨單時所須確認的事項

☐品名是否正確

品名的部分很容易混淆，請務必要讓收貨人看得清楚。
在袋上寫明商品名稱，並要幫作品繫上貨號標籤，以便商家在收貨的時候，能立刻知道袋內所裝之物品為何。同時，要再次確認商品上的品名，與出貨單上的品名是否一致。

☐件數是否正確

當實際的出貨數量與出貨單有出入時，免不了要接受店家的指正。作品已經不在自己的身旁，只好麻煩店家，請對方幫忙確認了。一定要確認件數與金額都正確無誤，再把單據送出喔！

☐保留存根了嗎？

請款單開立完成之後，請保留存根聯歸檔。收到銷售報表時，要確認什麼東西賣了多少件、什麼東西賣不出去。也要確認出貨單上的品名與價格均正確無誤之後，再送出請款單。

Memo 委託販賣的關鍵字

定價・進價・掛率　P.12

請款單實例（日本格式範例）

請款單

請求書NO　HS-0010
20XX年XX月XX日

TO HAND MADE SORA 様

Every Flower's　毎日 花子
〒100-0003　東京都千代田区1-1-1
03-XXXX-XXXX　every_flowers@co.jp

⑪
20XX年XX月ＸＸ日から20XX年XX月ＸＸ日までの委託販　につき

ご請求金額合計　¥11,270 ⑬

番	品番	品名	税抜上代	税込上代	税抜下代	数量	金額
1	C-001	コスモス ピアス（シルバー）	¥1,600	¥1,680	¥1,120	2	¥2,240
2	C-002	コスモス イヤリング（シルバー）	¥1,600	¥1,680	¥1,120	2	¥2,240
3	R-001	ローズピアス（ゴールド）	¥1,800	¥1,890	¥1,260	2	¥2,520
4	R-002	ローズ イヤリング（ゴールド）	¥1,800	¥1,890	¥1,260	2	¥2,520
5	R-003	ローズ ペンダント（ゴールド）	¥2,500	¥2,625	¥1,750	1	¥1,750
					合計	9	¥11,270

掛け率　70%
⑫振込先：☆☆銀行 〇〇支店　普通口座　XXXXXX　毎日 花子

出貨單與請款單的寫法

①交易期間・內容
將起訖時間及請款品項，填寫於起始處。

②帳號
要匯多少錢到哪個帳戶，是帳單上最重要的資訊。正確地寫上「帳戶號碼」。

③請款總金額
匯入金額的數字為帳單中最重要的項目。

直接使用市售出貨單・請款單也OK

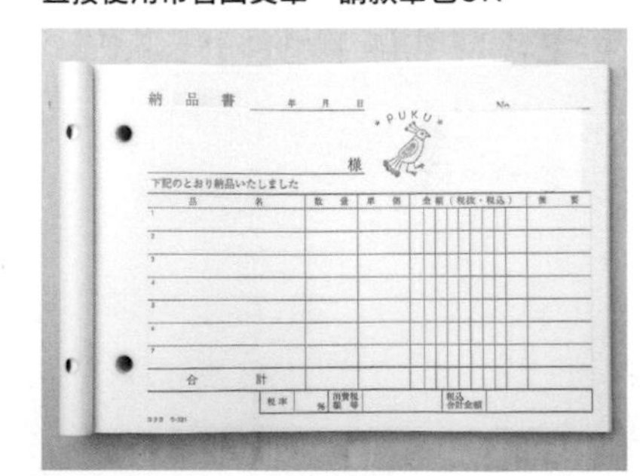

出貨單及請款單的格式，如果店家沒有特別指定，以市售單據填寫即可。書局、文具店都可以買得到。請選用可複寫單據，以便保留存根聯。不少作家會先將每回都需填寫的部分，例如：品牌名稱、名字、地址、連絡方式等先製成印章，在單據蓋上印章後再行使用。
圖中為＊森 祐子所使用的請款單。單據上已蓋有商標印章。

寄送請款單的確認要點

□一定要遵守約期

收到商店開立的銷售報告書，就要盡快將請款單寄出，這是商業上的規則。若因沒能如期送出請款單，可能導致延遲收到款項，一定要注意喔！

□帳號寫好了嗎？

沒有寫上帳號，是書寫請款單時，最常出現的錯誤。
・匯款銀行名稱
・分行名稱
・帳戶類型
・帳戶號碼
・帳戶名稱
一定要寫清楚。尤其當帳戶名稱與作家姓名不同時，要更加留意。

□保留存根聯了嗎？

請款單開立完成之後，要保留存根聯並予歸檔，與處理出貨單的方式是一樣的。可以把它當成作家工作的基本資料。亦可藉著重新檢視，能發現季節與熱銷商品之間的關係。

case study 10

提出口金背包的方案，切合廠商的需求

森 祐子小姐

以心愛的貓咪為主題，將銅版印染動物圖案貼飾作成*PUKU*包包。貓咪栩栩如生的溫柔表情，就像繪本一樣美麗。

散發濃濃復古氛圍的口金背包。設計師森佑子自行描繪之單點銅版畫圖案，是其受歡迎的主因。從一心嚮往的大阪人氣雜貨店入行，現在將作品交由四家商店代售。

Creator's Data

：Brand Neme

＊PUKU＊

：URL

http://www.pu-ku.jp/

：Concept

為喜歡貓與繪本的少女而作的包包與雜貨。

：Item

●口金背包・托特包・化妝包

：Price

●口金背包：6,000至23,000日圓

●化妝包：3,000至5,000日圓

：Activity

●在阪神百貨、大丸百貨的活動展出

●在畫廊及手作雜貨商店舉辦個展

：銷售目標

12萬日圓（單月）

活動的歷程

手提包製作為插畫個展之副產品

森在學生時期就會自己縫製西裝，有一雙非常靈巧的雙手。大學畢業之後，就開始在雜誌與繪本擔任插畫家，繪製孩子們喜歡的插圖。從此開始，便定期舉辦個展，一邊繪製銅版與粉彩畫，同時也以銅版畫轉印成的布料，製成包包販售。

加入仰慕的作家所活動的人氣店招募，便踏入委託銷售之路

森非常喜歡手作包包，尤其鍾愛kabott的川角章子（→P.104）的手作包。進入大阪這家代理kabott，名為「カナリヤ」的手作雜貨店，一直是她的夢想。她發現カナリヤ每到活動之際，都會在網頁招募手作家，她便決定參加報名。經錄取後，便展開了委託銷售之路。

以個展屢獲好評的銅版畫作，提高自身的原創性

一開始時，森會先畫好插圖，再施以刺繡作成包包，但坊間有不少風格相近的作品，於是她將之前於個展頗受好評之銅版畫，作成作品，現在其作品風格已然成形。聽說最近新增了網頁委售顧問之工作項目。

*** PUKU ***

Yuko Mori

Brand History

- 2003年　開始在個展及聯展販售包包。
- 2004年　在大阪・西天滿雜貨店カナリヤ活動展出。首度與三位友人於設計節展出。
- 2005年起　以*PUKU*為名，於設計節舉辦個展。
- 2006年　於カナリヤ舉辦「秋の声に耳をすまして」個展。
- 2007年　在自由之丘・南の窗（現・樂天ショップ青い鳥）舉辦「冬の夜のお話」個展。
- 2009年　出版《シュシュ作りましょう♪》（合著・マガジンランド）於神元戶町 vianne，舉辦「夏天の花束」個展。
- 2010年起　於大丸神戶店KOBE zakka SELECTION Vianne展臺展出。

Pick Up Items

A以大大的銅版畫點綴的口金背包。B復古提把的口金背包。C繪製散步女孩的托特包。

成功的祕訣

向包包類手作家——森 祐子小姐
請教了有關出貨及寄送的重點。

應店家的要求
挑戰自己的作品風格

若是店家位置不遠，森都會直接拜訪並行交貨。在與店員的交談當中，了解目前熱銷的商品及趨勢，並藉著聽取各種建議，當作下次製作的參考。對於店家的要求，森會當成一種挑戰，並思考如何從中發揮自己的作風，因此深深擄獲了店家與顧客的心。而位置比較遠的店家，就無法直接交貨，而要以包裝的方式寄送，她在打包的時候，會想辦法讓包包維持原本的形狀，再行寄送。

注意！口金背包的包裝方式

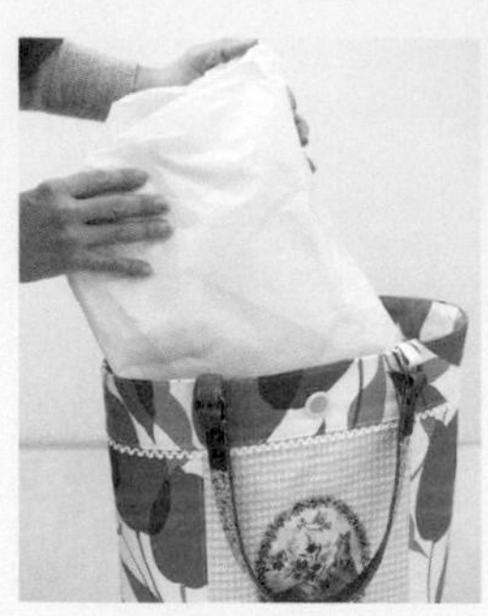

1 **塞入填充物 維持包包的形狀**

幫底部有側幅的包包塞入填充物，以維持形狀，再將包包放入箱子內。

2 **別上品牌標籤＆標價牌**

以原創商標作成的品牌標籤。特意將標價牌懸掛在外側，讓顧客毋須打開口金框也能知道價錢。

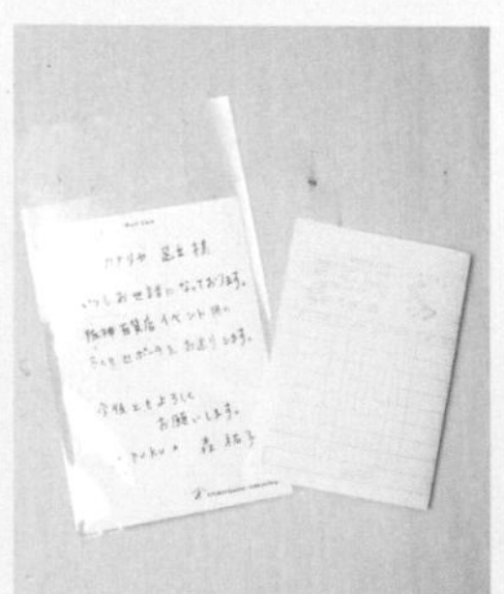

3 **出貨單 附上感謝信函**

誠心誠意製作的包包。手寫一封感謝函，和作品一起寄給代售店家，表達感謝之意。

4 **裝袋後 寄給給委託者**

在包包外面套上一層塑膠袋，保持包包的清潔。打包的時候，物品與物品之間勿留空隙，保持在運送過程中不致滑動。最上層擺上出貨單。

工作上的好點子

委託銷售該如何挑選店家？又該如何持續委託關係？
讓我們聽聽森的想法。

因為自行設立的網頁
而被委售商家網羅

因想推廣自製的包包，於是在2004年設立網頁進行網路銷售。森說：「其實處理郵件往返及顧客個別要求的部分，都是相當辛苦的。」另一方面，她也因推出網頁，而接獲銷售顧問的工作。之前服務於其他業界時，曾有因拒絕邀約而致工作全無的經驗，從此凡有邀約，則來者不拒。最多曾同時與八家商店，維持委售關係。

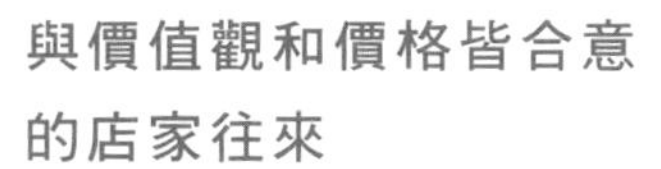

與價值觀和價格皆合意
的店家往來

有些店家幾年之後停業，目前與四家維持委任關係。最近即使有人邀請，也只跟價格與價值觀相近的商店交易。委售雖有佣金支出，但將商品交給信的店家代售，自己就能全心投入創作，森認為這是委售的一大優點。

除了委託店家代售作品之外，
也在部落格大力推薦店家

森與店家之間的往來，無論暢銷與否，都會持續委託一年的時間。在了解商家所作的努力後，她也會在部落格大力推薦。她表示「相互支持」的情誼，是很重要的。

浪漫可愛的布料，搭配森的插圖銅版畫部件。組合細膩為PUKU品牌的特徵。

POINT 1
為作品貼上獨創的標籤

光是為作品別上自製原創的標籤，品牌力就能瞬間提升。品牌名稱為森在兒提時代的綽號。

POINT 2
書架上滿是創意的靈感來源

以家裡的愛貓為原型，溫暖地畫出作品的輪廓，當有想不出來的動物，就會翻翻圖鑑，找出可愛的動物當作範本。

case study 11

在網路上販售！委託販售拓展通路

前田麻由美小姐

單寧、鈕釦、皮革、蕾絲……是一件以女裝的部件作成的相機包。這款作品市面上很少見，詢問度很高。

在手作的包包裡，放入心愛的相機，走到哪裡就揹到哪裡，非常帥氣！此包所到之處，大家都競相詢問。前田真由美小姐因此搖身一變，成了一位相機包雜貨作家。網路商店開張後，為了拓展工作領域，開始進行委託銷售。

Creator's Data

：Brand Neme

via*lactea

：URL

http://via-lactea.littlestar.jp/

：Concept

別處找不到的，獨一無二的相機雜貨。

：Item

- 相機套・相機包・相機吊帶・鏡頭保護盒

：Price

- 單眼相機相機套：5,000至18,000日圓
- 單眼相機吊帶：3,900至7,200日圓

：Activity

- 於社群市集（iichi）展出、參加活動
- 參加百貨展活動
- 參加設計節展出

：銷售目標

不公開

活動的歷程

「想要自己作一個相機包」
以此為由變身相機包雜貨作家

喜歡攝影的前田，因為遍尋不著喜愛的相機包款式，遂開啟了相機專用包製作之旅。採用換衣服的概念，希望成為流行的一部分，便作出了獨創的單眼相機包。包包所到之處，大家爭相詢問「這包包在哪買的啊？」，大受歡迎！

曾經光顧的顧客
在部落格及mixi都讚不絕口！

前田相信一定有許多女性跟自己有著一樣的想法。於是開始在網路上接受相機專用包的訂製。由於執業之初，對於如何增加網頁訪客數不是很清楚，因此並不是很暢銷。一直到進入拍賣網站，銷量方面才有轉機。在網站下標過的顧客，多會在部落格與mixi大力推薦。

想讓人放在手中好好觀賞！
從親自經營到委託銷售

想擄獲視相機包為必需品的女性的歡心！前田基於這一個想法，並為了要拓展通路，因此決定將作品委由雜貨店代售，讓買家可以摸得著、看得到。使用網路聯繫了徵求手作雜貨的店家。目前委託不同區域的兩家商店，代售相機包及相機小物。

via*lactea

Mayumi Maeda

Brand History

※Creema、iichi的部分，請見社群市集。
※LUMITAN，為LUMINE與伊勢丹共同企劃之活動。

2009年　開始接受單眼相機專用套之訂製並開始銷售相機配件成品。

2010年　開始進行委託銷售。

2011年　Creema展出。

2012年　參加Creema×伊勢丹的活動。
於活動節展出。
LUMITAN首發
參加 Creema Pop-up Store
LUMITAN第二發
參加Creema相機女子活動。

2013年　參加設計節。
自Creema撤出，轉向iichi展出。

Pick Up Items

A 斜紋粗布再製相機包。
B 甜點裝飾小型相機包。
C 真皮編織×串珠相機的單眼相機皮帶、餅乾鏡頭蓋盒。

成功的祕訣

這裡將介紹作品製作及寄送、
與店家書信往來、保持委託關係的祕訣。

作品包裝之前
仔細進行最後確認

前田打包作品之前，都會使用隨手黏清理乾淨。有些作品形狀比較複雜，在打包之前，要針對縫製、鈕釦開闔的部分進行檢查，並要確認有無瑕疵。如果在作品送達後才發現瑕疵，來回運送費用所費不貲，為了避免無謂的浪費，務必徹底執行檢查作業。

搜尋交易條件
適合自身活動的店家

新作品的想法，要先與信任的委託店家進行討論。提出自己的構想後，聽取對方的意見，進行全方位的考量，如何作出暢銷品的疑問，便能獲得解答。雖然製作的決定權操之在己，但自己卯足全力製作店家喜愛的作品，將會有助於持續雙方委託關係。

注意！取得店家信任的寄送準備

1 將作品整理妥當 再進行包裝

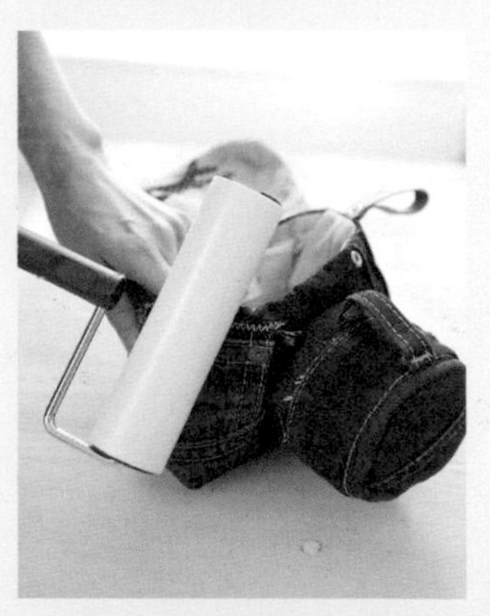

以隨手黏把作品清理乾淨，確保對方能收到整潔的作品，同時進行最後的確認。

2 以彩色的緞帶 為作品綁上商品標籤

依作品氛圍選擇適合的彩色緞帶，為作品繫上標籤。

3 仔細核對 作品與標籤

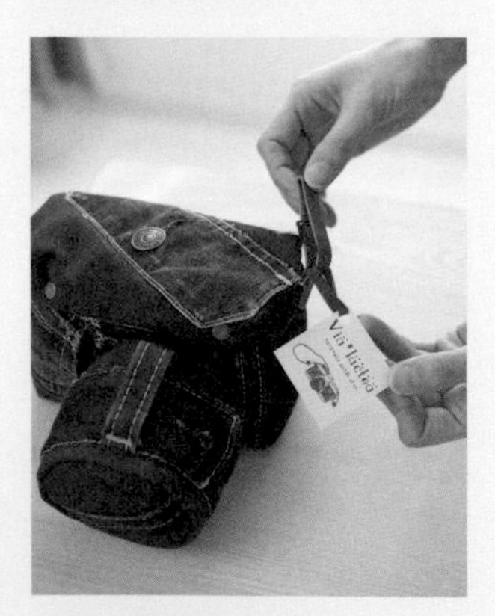

仔細核對作品與標籤的部分，是否與出貨單吻合。

工作上的好點子

想讓更多人知道！決定採以委售方式
填寫第一次應徵的履歷！

一開始就要針對店家、作品屬性及交易條件詳加調查！

當打算與雜貨店交易時，可先從部落格與網頁當中，找到最能貼近自己作品氛圍的商店。再著手調查該店的招募概要。從銷售金額、委託手續費、需支付的場地初始費用等，將每家店各種的交易條件調查清楚。

商標為原創自製。因有過接受訂製的經驗，前田會盡量多上傳幾款相機機種，讓顧客找到自己喜歡的樣式，亦為重點之一。

找尋交易條件合理的店家也是一件重要的事情

雖然知道有各式各樣的支付條件，但對於沒有跟店家交手過的前田而言，還不知道自己適合何種交易型態。需要長期的合作，才能知道什麼樣的條件自己適合，於是硬著頭皮，先與幾家條件各異的商店展開交易。

POINT 1
商品攝影請組合相關背景

這是父親幫忙製作的攝影專用箱。不同商品放在相同背景下拍攝，其中差異性顯而易見。

即便郵件往來為數不多也能傳遞資訊！

以郵件進行應徵時，除了自我介紹之外，也要針對作品的獨特性詳加說明，並附上作品的圖片。即使郵件往返次數不多，店家也能從商品資訊，察覺作家的用心，而產生好感。

POINT 2
喜歡的素材要維持存貨

前田運用直覺拼接布料，組成作品。收納的方式看似隨意，實則是為靈感來時，能立即上工的好點子。

委託銷售的人氣作家們

以下要介紹幾位採委售方式銷售作品的作家。
並請教其委由店家委託銷售的理由。

case study 12

手作漂亮可愛的
原木日本小人偶

金子昌見小姐

A 毛茸茸的貴賓狗
B 咖啡店的女孩兒

Why Consign?

「可以讓顧客拿起來把玩。工作人員待客細心穩妥值得信賴。」

Creator's Data

：Brand Name
cokets.
：URL
http://cokets.net/
：Concept
漂亮可愛的原木日本小人偶。
：Activity
・在網路商店、活動展出、社群市集販售作品
：銷售目標
5萬日圓（單月）

case study 13

少女主題的
小型蕾絲編織飾品

峰 えり子小姐

A 天鵝和花環的穿孔耳環
B 花圃項鏈

Why Consign?

「把作品擺在人氣商店，將有助於提升品牌力，並能藉此製造曝光的機會。」

Creator's Data

：Brand Name
Spinu
：URL
http://www.spinu.org
：Concept
花朵、果實、動物與少女主題的蕾絲編織飾品。以綿軟柔和的刺繡線與細緻的蕾絲編製而成。
：Activity
在社群市集進行販售
：銷售目標
20萬元（單月）

case study 14

顏色鮮豔又可愛的
仿真甜點

colorful小姐

章魚杯形蛋糕便條夾

Why Consign?

「雖有手續費的支出，但能與顧客交流並代為寄送，讓我能心無旁鶩地投入製作。」

Creator's Data

：Brand Name
colorful-planet*
：URL
http://ameblo.jp/colorful-planet/
：Concept
五彩繽紛、不可思議的小東西。
：Activity
・訂製品的銷售
・蛋糕裝飾、仿真甜點的講師
：銷售目標
無

case study 15

精油收納袋與
相關布製品製作

鈴木晃子小姐

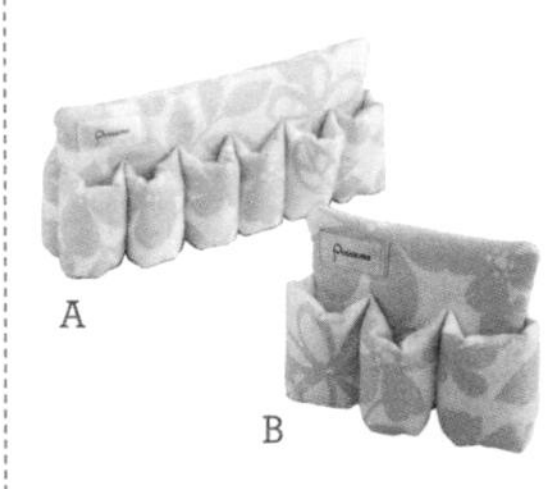

A 精油收納袋 12支入
B 精油收納袋 3支入

Why Consign?

「先將香精收納袋拿在手上撫觸，接著就會想要實際看看作品。」

Creator's Data

：Brand Name
poissons
：URL
http://ameblo.jp/poissons-presents
：Concept
精油收納袋，其色調溫暖、材質優雅，足以療癒身心。
：Activity
目前只委由商家代售
：銷售目標
10萬元（單月）

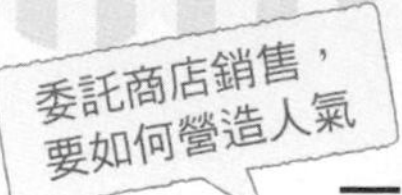

一起來聽聽商店老闆的真心話！

近幾年來，
製作手作雜貨家不斷增加，
代理手作雜貨的商店也愈來愈多。
話雖如此，
獲得商店老闆採用的要素，到底是什麼呢？
讓我們一起來聽聽，
長年代理委售雜貨商店老闆的真心話。

Point 成為人氣的委售作家的五大要件

1. 能將自己的想法，明確地在作品上呈現。
2. 製作的作品具有讓人想要蒐集的吸引力。
3. 心懷感謝之意持續進行創作。
4. 與店家齊心協力。認真採納店家意見。
5. 作品以使用者（＝顧客）的觀點進行創作。

向初次到訪的店家，突然表示應徵之意？

像是散步時順便逛到店裡，店內的狀況連看都還沒看，就劈頭提出要委售作品的要求，便開始展示起作品。這樣唐突的作法其實對店家而言，相當困擾。即便是手作雜貨店，也各自擁有不同的風格。請先確認一下店家的品味是否適合自身的作品風格喔！

「寫下對本店理念的認同及自己的感想，並用心介紹自己的作品，這樣的手作家深獲我心。」
（and-flower 齊藤小姐）

對店家而言，一定也想與作家保持長期合作的關係。要具備站在對方立場，思考的溝通能力。

基本的文書處理能力及交易的知識，皆為必備！

一位作家若是缺乏文書處理的能力，或只能以手機溝通，無論作品製作有多擅長，溝通能力有多強，委售方面多半會功虧一簣。

「一般人或許會認為，電腦及文件的部分與作品並無很大的關係，但作家若能熟悉行政作業，與商店之間的往來，較能溝通無礙。」
（ATELIERSEED　西田）

對於現在的委售作家而言，處理出貨單、帳單、收據等文書力；妥善運用電子郵件連絡的能力；清楚定價、進價、掛率等基本交易常識，這些部分可說都是相當基本的能力。

INTERVIEWEE　+flower　SAITOUITSUMI小姐

Shop Data
+flower
：URL　http://ameblo.jp/and-flower225/
：ADDRESS　東京都目黒区祐天寺1-21-16-C
：營業時間　12:00至19:30
：定休日　星期一（含節日）

INTERVIEWEE　Atelierseed　NISHIDAIKUKO小姐

：Shop Data
Atelierseed
：URL　http://atelierseed.shop-pro.jp/
：ADDRESS　兵庫県神戸戸市垂水区陸ノ町1-13
：營業時間　13:00至18:00
：定休日　週四

人氣委售商店資訊

以下要介紹日本幾家接受委售的手作雜貨店！

雜貨屋RunaRuna

http://ameblo.jp/moca4286/

ADDRESS／
長野県駒ヶ根市上穂南16-16 上穗住宅B
經營的雜貨／
飾品、包包、布作小物、羊毛氈、皮製小物、蠟燭、天然石等

目前往來的雜貨作家，大約有十位左右。經營類型相當廣泛，若發現有符合本店核心理念「讓人精神一振的繽紛＆甜美的生活雜貨」的作品，也會直接與作者接洽。

Romantica* 雜貨室

http://ameblo.jp/arakikaku/

ADDRESS／
東京台東区谷中3-6-14
經營的雜貨／
配飾、布小物、洋裝、帽子、包包、文具、餐具等

位於東京的下町・谷中的「騷動少女心」。夢幻、充滿少女風格的人氣手作雜貨店。目前有三十位作家的作品在此展售。招募日常、富個性品項的作家。

SORANICLE

http://www.soranicle.com

ADDRESS／
東京都世田谷区若林3-17-4
經營的雜貨／
布小物飾品、禮物雜貨、復古小物等

是一家讓人恍若置身於歐洲跳蚤市場的Hand made・Vintage的Select shop・Soranicle，目前代理八位雜貨作家的作品。因店鋪的規模並不很大，在挑選代理雜貨方面相當嚴格。非常珍惜與店家世界觀、理念一致的作品相遇的機會。

koti

http://ameblo.jp/koti13/

ADDRESS／
岐阜県岐阜市本郷町3-13
經營的雜貨／
飾品、蠟燭、室內裝飾雜貨、服飾雜貨、拼貼畫的紙製品・袋子、文具、皮製品

Koti目前代理岐阜縣內外二十二名雜貨作家的作品。這些作品看似神似，卻散發出不一樣的個性，而且價格適中，在手作圈中頗受歡迎。現正募集陶器配飾與定期交貨的雜貨作家。

Type

網路商店

我們曾在TypeB的委託銷售單元當中，介紹過用以銷售的部落格與網頁。而在實務方面，有許多活躍於線上的雜貨作家表示，他們之所以入行，多因介紹自作設立的部落格與網頁。使用網路環境當成銷售的工具，已是現在進行式！在此深入介紹使用網路來銷售作品的實例。近年網購系統增加了不少，操作起來就像架設部落格般便利。在網路架設商店，當成銷售通路之一，已經不再只是夢想了！

網路商店的幾點建議！

說起網路商店的優點，首推降低開業的費用。

當實際擁有一家商店，進貨費用、設備及器材、銷售場所內部整修等大筆資金，林林總總皆為必須支付的費用。而網路商店方面，只要支付伺服器及網站的服務費，故能降低開業之必要資金。

網路商店一開張，一天24個小時，顧客都能自行上網搜尋商品。即使沒能即時解說作品或親自接待來客，也能使銷售運行自如。

網路商店的注意事項

雖然成立網路商店的資金較低，但也不能過於小覷。

網路與實體商店一樣，都有要花費時間與體力之處。

首先，如何讓人在浩瀚的網際網路中找到你的商店？如何留住訪客的目光？都是需要考量的課題。顧客因無法實際接觸商品，放上大量的圖片及文案介紹，都是非常重要的部分。舉凡打包寄送的費用、購買郵件往返的時間，都不容輕忽。即使設立網路商店不難，維持網站運行還是需要花費時間精力，這一點要牢記在心喔！

設立網路商店的方法

真的連新手都能開網路商店嗎？特地為剛入行的新手準備的簡單方法。

愈來愈容易上手的網路商店

記得不久之前，要成立一家網路商店，尚需具備EC通路的相關知識。我自己之前也經常提出建議，最好能有設計與HTML（網頁語言）及圖像編輯的等知識傍身，以備不時之需。但現在要成立網路商店，還要這麼麻煩嗎？答案卻是NO！目前市面上有許多提供個人設立網路商店的服務商家，使用起來簡單又方便。

對於手作家而言，身處於交易方式如此多元的環境中，可謂是最好的年代。一定要好好利用喔！

只要準備這些東西！

首先，手邊有網路連線、個人電腦、伺服器、數位相機及作品，即可達成網路商店的基本要件。隨着網路環境的普及，以建立部落方式，在30秒內就能搞定的網路商店服務，也正陸續登場中。

記得隨時確認最新的資訊喔！

網路的世界日新月異。當你找到了優質的網路服務，設立網路商店後，還是要保持蒐集資訊的習慣，不能懈怠喔！

網路商店服務實例

若為首度設立網路商店，與其個別找尋伺服器，不如使用內建有伺服器的網路服務。以下介紹日本深受眾許多手作家信賴的網路商店系統，使用起來相當輕鬆呢！

BASE

URL https://thebase.in/

可在30秒內輕鬆搞定之網路服務，而且完全免費。也有提供代付款項及貨到付款的服務。

能以簡便的方式，建立網路商店。挑戰〔30秒〕！

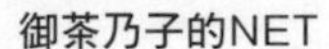

御茶乃子的NET

URL http://www.ocnk.net/

網路販售系統。操作簡便、選項豐富，附有魅力購物車。每月使用費500日圓起，有免費試用期。

擁有網路商店老店才有的細緻服務，讓人安心。

Jimdo

URL http://jp.jimdo.com/

以「給所有人的網頁」為主題，即便沒有專業知識，也能以部落格的方式設立網頁及網路商店。

Click＆Type操作簡便，廣受好評。適用於智慧型手機亦為亮點。

Wix

URL http://ja.wix.com/

簡易的雲端網頁製作工具。操作簡單，可輕鬆架設一個出色的網路商店。

網站極富設計感，擁有世界級高人氣。

網路商店販售流程

光是設立網路商店，還沒辦法滿足你嗎？接下來，我們要聊聊有關網路商店的經營。

❶籌備網路商店

確定店名及核心理念！決定上架的作品、價位、支付方式、運費及寄送方式等。

❷上傳作品

請將作品的圖片與文案準備好，以供上傳之用。
圖片的拍攝方式，詳細的解說請參考P.64。

❸售出作品並確認收款後，進行寄送作業

收到銷售通知後，先確認付款的狀況。
一般都是收到貨款後，再寄出作品。

❹寄發郵件，通知作品寄送

查詢用的物流查詢編碼，也要一併通知喔！

❺寄發確認的信函

按照每位顧客應收貨日期，發出確認信函，確認客戶是否收到郵包，趁顧客收到郵件最開心的時候，好好詢問使用心得吧！

Point 網路商店獨有的問題，請留意！

顧客在網路商店購物時，因無法實際接觸到商品，當商品的尺寸、質感或顏色，與想像中有所出入時，就會衍生客訴或退貨的狀況。此外，請勿延遲出貨喔！

網路商店刊載資訊之重點

將圖片上傳至網路商店後，僅憑些許說明出售商品，的確有其難度。要從眾多的商店當中脫穎而出，針對商品的部分詳加說明，非常重要。將可以公開的部分，運用圖片、文章及影片加以傳達。容易產生糾紛的部分，及對顧客而言為優點的部分，也都要據實以告。
粗糙的包裝或潦草手寫文字，也是為人詬病的部分。為了愛護你的顧客們，請多花些心思，建立一家以客為尊的商店吧！

預防糾紛五大要點

①資訊盡量充足！
②圖片要能傳遞實物感。
③勿對對顧客隱瞞缺點。
④包裝細心謹慎。
⑤手寫文字慎重下筆。

包裝的例子

使用緩衝包材或薄紙來包裝作品，作品解說及商店的名片，也要一起放進去。以蓋有印章的素色箱子，當成外箱。貼上紙膠帶也很有趣呢！

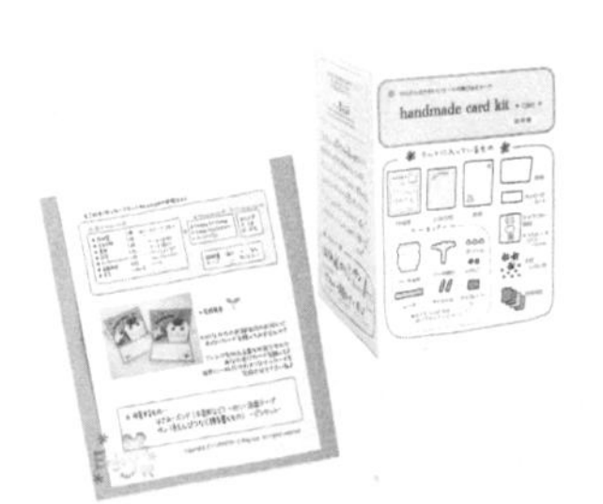

因無法直接與顧客面對面接觸，因此在作品文案方面要多加費心。
可使用插圖說明，既可愛又容易說明。圖片皆取材自R*piece R＊piece的安 岡紀子。 P.52

網路商店開業後

不論架設網路商店變得多容易，下足工夫與持續不斷地努力，才是成功的不二法門。

愈暢銷愈辛苦？

就算只是傳一張照片到網路商店，也要拍照、攝影、影像加工、撰寫說明等，相當耗時費工。

例如，某位作家真正想賣的是5,000日圓左右的作品，為突顯商品的多樣性，也作了一些500日圓以下的物件，在網路銷售。然而，如果賣出的作品皆為500日圓以下的商品。製作耗時、往來寄送皆白忙一場，可說是毫無利潤可言，真令人苦惱……

在銷售單品時，請先考量一下網頁製作所花費的時間心力，再斟酌是否要設立網路開店。

能一眼就看出，這家商店是賣什麼的嗎？

有些作家作品極富特色，參加活動時也很受歡迎，但網路商店卻一直滯銷。點進網頁一看，發現他的網頁，並沒有寫明銷售的主題！

文案一定要合乎商品，但這是我們常聽到的一句話。在網路上銷售商商品，為讓顧客容易搜尋得到，必須使用容易被找到的關鍵字或商店名稱。

Point 運用網路與實體之相乘效果！

從事網路商店銷售的作家，偶爾會配合活動參展，把握實體銷售機會，求其雙乘效果。在活動中接觸到的顧客，不少人會回頭搜尋網路商店喔！

SEO對策

我經營的是部落格而非網路商店，為了能讓更多人關注我的部落格，特地採取以下的對策。

首先想到的是部落格名稱。我的部落格名為「雜貨店開業＆支持雜貨作家入行！」。我的客群是一些想開雜貨店，或想以雜貨作家為業者，於是我直接借用了他們在網路搜尋時使用的語彙，當成部落格標題。

我也會特意以目標客群喜歡的字眼，作為部落格文章標題。讓人容易搜尋到自己的網頁的策略，就是SEO對策。

舉例來說，對手作嬰兒鞋製作者而言，打算祝賀新生兒的賀客，即為有力的顧客候選人。若能將「出生賀禮」等文案，置入部落格的標題，倒不失為一種有效的作法。往這個方向考量，顧客要用什麼詞彙，才能搜尋到這件作品呢？此考量模式，即為SEO對策的第一步。

マツドアケミ是我的部落格。將雜貨商店、銷售手作雜貨、雜貨的工作、提高點閱率等關鍵字，作為部落格的置頂標題。
URL http://ameblo.jp/zakkawork/

Memo 何謂SEO對策

針對網路搜索引擎所採取之對策，要讓更多人能在網路搜尋到自己的網頁。SEO為Search・Engine・Optimization的縮寫，直譯為「搜索引擎最佳化」。

case study 16

專營人氣肩背錢包，以女性顧客為宣傳的對象！

イシロヨウコ小姐

想作一個可以放入必需品、可愛的、非運動輕便型的肩背包！色系與設計都很女性化的肩背式錢包，其創作構想皆源自イシロヨウコ自身的經驗。

Creator's Data

：Brand Neme
Lavender sachet
：URL
http://www.lavendersachet.net/
：Concept
把重要的東西，放入包包斜背。
：Item
●肩背錢包
：Price
●肩背錢包:6,000至18,000日圓
：Activity
●設計節參展
●Mamahapi EXPO參展
：銷售目標
10萬日圓（單月）

往暢銷商品專賣店邁進 改款肩背包

イシロヨウコ的網路商店讓她無論身置何方都能維持工作狀態。原本銷售小物及雜貨等，聽從專業方面的建議，從2012年開始，便轉型成熱賣的肩背錢包專賣店。

其中有許多專為女性設計的商品，也為此上傳大量、精美的圖片，回函與對應也非常細膩周到。

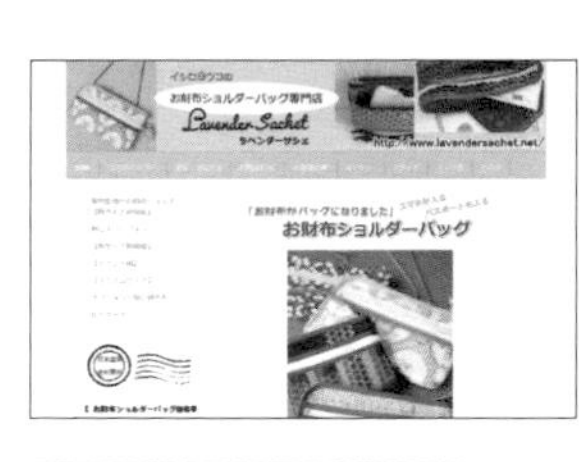

在網路商店的首頁，放上朋友們幫忙拍攝的實際使用照片。

Pick Up Items

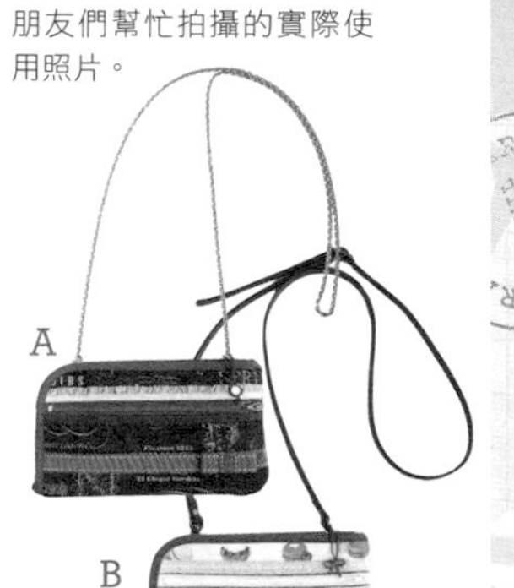

原以飼料袋布料製作布小物。現在已改成各種布料製作A巧克力肩背錢包。B甜點錢包挎包。

活躍於網路商店的作家們

以下幾位是經營網路商店的手作家，
一起來看看他們
在網路銷售的理由吧！

case study 17

原創設計的
飾品製作

田口由美子小姐

銀與藍灰相間的腕錶

Why NetShop?

「能與日本各地的顧客往來，而且能自行決定工作與家事的比重。」

Creator's Data

：Brand Name
La douce
：URL
http://www.la-douce.com/
：Concept
收藏觀賞或戴在身上，讓每天都超開心的配飾。
：System
使用LOLIPOP伺服器
：銷售目標
5萬日圓（單月）

case study 18

女孩兒都會喜愛的
外出手提包

ui小姐

肩背包：vermillon

Why NetShop?

「因為住在沖繩，唯有透過網路商店的幫忙，才能引起沖繩以外顧客的關注。」

Creator's Data

：Brand Name
Labikara
：URL
http://shop.labikara.com/
：Concept
讓愛出門的女性笑逐顏開的小包包。
：System
・使用Color Me Shop的購物車。
：銷售目標
20萬日圓（單月）

case study 19

印有幸運草的優雅的
包包與布小物

渋谷陽子小姐

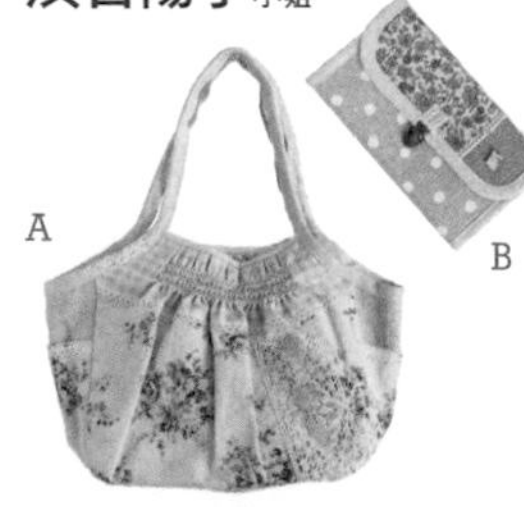

A 皺褶繡・手提包
B 碎花長夾・春天的兔子

Why NetShop?

「不同於委託銷售的方式，可以在專屬空間當中，製作銷售自己喜歡的東西。」

Creator's Data

：Brand Name
zakka_clover
：URL
http://zakka-clover.jimdo.com/
：Concept
可以一直擺在身旁，讓人放鬆心情的雜貨。
：System
・使用FC2伺服器
：銷售目標
4萬日圓（單月）

case study 20

立體卡片及
卡片手作套組

安樂岡 紀子小姐

蛋糕BOX便條紙

Why NetShop?

「因工作調動經常搬家，網路商店讓我無論置身何方，都能進行銷售管理，也能讓更多人注意到我的作品。」

Creator's Data

：Brand Name
手作卡片 R*piece
：URL
http://rpiece-card.com/
：Concept
讓送人的與被送的人，都能開心雀躍的立體卡片。
：System
・使用wordpress與Color Me Shop
：銷售目標
5萬日圓（單月）

Type

社群市集
（市集）

近來很夯的手作社群市集，已然成為手作家網路銷售的最佳拍檔。簡單來說，可將其視為是網路上的跳蚤市場。沒有自己的網路商店或部落格，也可進行銷售，只要在市集登錄，就能立即輕鬆上傳作品，擁有屬於自己的銷售場地。沒有實體店面的營業時間限制，社群市集可是365天24小時，全年無休呢！
推薦給想嘗試手作雜貨銷售，並想接收各方評價的新進雜貨作家們！

關於社群市集的幾點建議！

首先，找到幾個手作社群市集網站（又稱網路市集），從中挑選符合你作品氛圍的網站，進行登錄，就能向全國各地的喜愛手作雜貨的人們，輕鬆地宣傳銷售你的作品，這就是社群市集的最大優點。近年來各手作社群市集的網站為將其展出作品商品化，不時會舉辦競賽或聯合百貨企業，以市集之名展出，或在雜誌上刊登作品，有著各種方式的推廣活動，運用的幅度及優點多且廣。即使還不是很有名氣的手作家，利用市集網站的知名度，也能提高自身的能見度。

手作社群市集的注意事項

輕鬆就能上手的社群市集，其使用者人數逐年上升。大型手作社群市集網站，展出的作品數已超過二十萬件。

想讓自己的作品，從眾多選擇當中脫穎而出，除了使用網路商店經營手法之外，還要學習如何才能拍出更吸引人的圖片，寫出更勝於現場購買的商品說明及文案，最重要的是讓人知道，作品出自何人之手。

手作社群市集運作的流程

大受矚目的手作社群市集。讓我們一起確認一下如何使用吧！

❶上網搜尋看看

輸入手作、社群市集等關鍵字進行搜尋。

❷挑選喜歡的市集網站進行登錄

也可參考P.62人氣的社群市集。

❸展示作品

輸入必要事項之後，將作品圖片上傳展示。

❹售出作品，進行寄送

採自行寄送的方式，與經營網路商店相同。請參閱P.49。

❺收取貨款

手作社群市集會在指定匯款日，將款項匯入帳戶當中，其中需扣除交易的手續費由。成交的手續費，依照市集規約而定，大約在價款的10至25%左右。務必事先確認服務規約。

Point 還有其他服務可供選擇

隨著社群市集的業務蒸蒸日上，代理展出作品、發行出貨單、海外寄送等各項功能也持續升級，使用起來更加簡單方便。各網站在服務層面皆力求充實，從設計端及利用者的角度來篩選網站，也不失為一個方法。

禁止銷售的物件

每個手作社群市集都有禁止販售物品的規約。一般而言，非本人製作的物品、加工後之既成品、無形體的資訊等，多半不能在市集銷售。每個社群市集網站皆各有規約，詳加確認之後，即可好好運用。

與網路商店徹底比較！

網路商店與手作社群市集，有兩個部分最不一樣。一是手作社群市集多為找尋單品的顧客。二是顧客對於商店及品牌的忠誠度並不高，多半會針對喜歡的品項進行比較。對市集的展出者而言，雜貨愛好者能藉此找到心愛的作品，但從另一方面來說，就必須與其他作家一同接受評比。因此必須更強化自身的原創性喔！

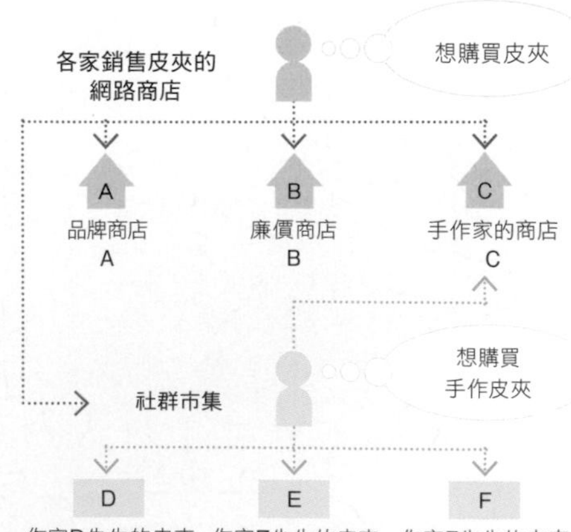

在手作社群市集登錄後

網站的作品動輒數十萬件，如何讓自己脫穎而出？

不厭其煩地將作品分成多次上傳

點入市集網站的網頁。應該就能看到「新作聚焦」與「精選商品」等介紹作品的欄位。刊載於上述欄位的作品，點閱率將呈直線上升。因此，每位作家無不使出渾身解數，希望能擠進這些欄位。

此外，在市集網站的網頁另有一個名為「新品上架」欄位。其點閱率雖未及推薦作品，但新品會被暫置於首頁一小段時間，而位於該處之作品將贏得更多關注。

因此，與其一次上傳多件作品，不如一天只上傳一件。每天持續上傳，就能讓作品定期出現在「新品上架」的欄位，較能留住顧客的目光。

提升拍攝的技巧！

那麼，在推薦作品的欄位當中，到底是哪件作品會被選中呢？

雀屏中選的作品，幾乎毫無例外的有著漂亮圖片。因為圖片呈現技巧=該作家的品味，不只是為了推薦欄位，也是為了成為讓顧客喜愛的作家，要留意圖片的呈現方式，及加強攝影的技巧喔！

有關拍攝技巧的介紹，請參閱本書P.63。也有許多為網路行銷舉辦的攝影講座，可以視個人需求參加。

社群市集的「人氣」

「漂亮的圖片」同被列為人氣社群市集作家的共通點，請見下方所列。另有幾個理由也是左右著作品是否受歡迎的主要因素。

社群市集的方便之處，在於推薦作品的欄位當中，能一眼就看出何者是人氣商品、人氣作家。暢銷者必有其暢銷的理由。請留意觀察人氣作品及作家，並考量其受歡迎的理由喔！

人氣作家為什麼這麼受歡迎呢？

- 圖片漂亮
- 命名以SEO為準則
- 說明文仔細易讀
- 引人入勝的文案
- 包裝漂亮
- 商標時尚

……etc.

Point 以顧客的眼光進行考量吧！

會因滯銷而煩惱者，多半是未從顧客角度出發的人。請貼近顧客的心情，仔細思考。要確認有否有關自己的評論，最好也能以顧客的身分，試著實際進行購買。

向人氣作家的優點看齊，這樣很棒啊！即使開始可能不很順利，但藉著學習暢銷者的言行舉止，將因此逐漸產生變化。

case study 21

由個人網路商店崛起，成功跨足至社群市集！

つしま なほ小姐

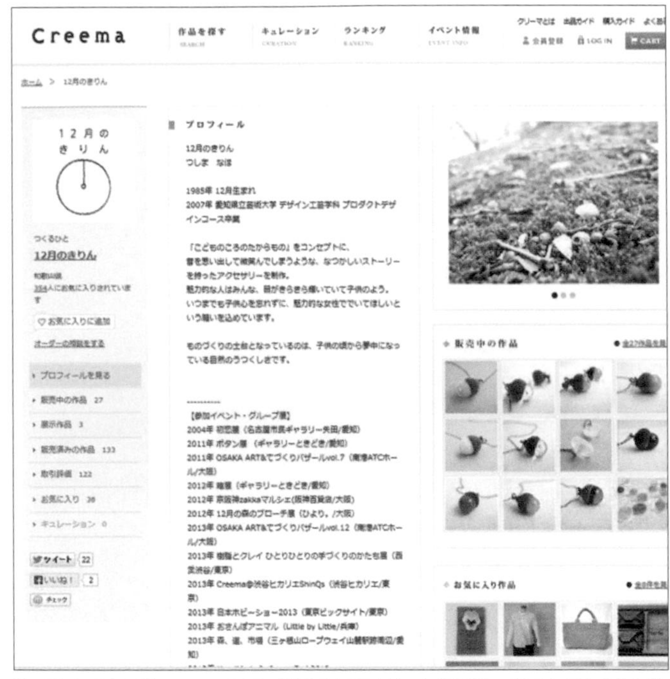

陳列著各式作品的Creema網頁，其網頁色調清新、氛圍優雅。除了介紹作品的規格之外，並也會對作品感想多所著墨。

Creator's Data

：Brand Neme

12月的長頸鹿

：URL

http://ameblo.jp/deckirin12/

：Concept

小時候寶貝之物。

：Item

●項鍊、耳環

●胸針、戒指

：Price

●項鍊 3,200至10,000日圓

●耳環 2,000至6,000日圓

：Social Market

●Creema

：Activity

●於雜貨店委託銷售

●參加百貨公司的活動

●參加手作活動

：銷售目標

整體8萬日圓

單Creema為3萬日圓（單月）

因為兒時的回憶
把森林的橡樹果實作成了飾品

將喜愛的橡子化為成功＆希望的幸運圖騰。つしまなほ小姐將兒提時代就很喜歡的橡子作成了項鍊。作品氛圍自然優雅，是一位深受女性喜愛的作家。

Pick Up Items

以真實橡子帽作的一顆夢系列。A耳環、B項鍊、C項鍊。

活動的歷程

先在雜貨店委售初試水溫
後經兒時玩伴介紹Creema
轉而向其挑戰

將因興趣而作的作品上傳至部落格，接獲了來自雜貨店的邀請，開啟了「作品＝工作」之路。因為網站上的訪客數沒有起色，正打算放棄之際，經兒提時的玩伴在此時介紹了Creema。此網站上傳作品的機制相當簡便，也有很多現成的手作愛好者，對其獨有的活動相當感興趣，便登錄為會員。目前正持續展出作品中，以單月3萬日圓銷售額為目標。

POINT 1

獨一無二的盒子

獨有的、讓人驚奇的包裝！有著砂糖般顆粒的質感，放入飾品之後包裝起來。包裝免費。

どんぐりはたからもの
秋になると籠いっぱいに集めたどんぐり
かたくてつやつやで　宝石みたい
きれいなものだけ　とくいげに飾っていた

でもいつの間にか捨てられて
おかあさんにおこられた
虫がいっぱい住んでいたんだって

「どんぐり、ずっと飾っておきたかったのに。」
大人になってからその夢を叶えたくて、このネックレスを作りました。
さらに、どんぐりは「成功・希望」のモチーフ。
イギリスにはGreat oaks from little acorns grow.（カシの大樹も小さなどんぐりから）ということわざがあります。
「子供の頃のゆめ」とどんぐりのもつ「可能性」
このふたつの意味を込めた「ひとつぶのゆめ」
あなたに贈ります。
12月のきりん

把作品小故事的卡片，與「一顆夢」作品放入盒中包裝。上面寫著與橡子有關的英國的諺語。

成功的祕訣

因為非屬實體交易
郵件往返要更加迅速確實

Creema接受客製。つしま向前來訂製的顧客分享創作概念，甚至連顧客喜愛的顏色、職業、洋服的喜好，都會詳加確認。作品作好之後，採顧客喜愛顏色的包裝紙，用心地包妥作品，並且附上感謝信，一起寄給顧客。因為採用網路的方式交易，因此在e-mail溝通時，力求迅速、仔細，希望能藉此消彌顧客的不安。

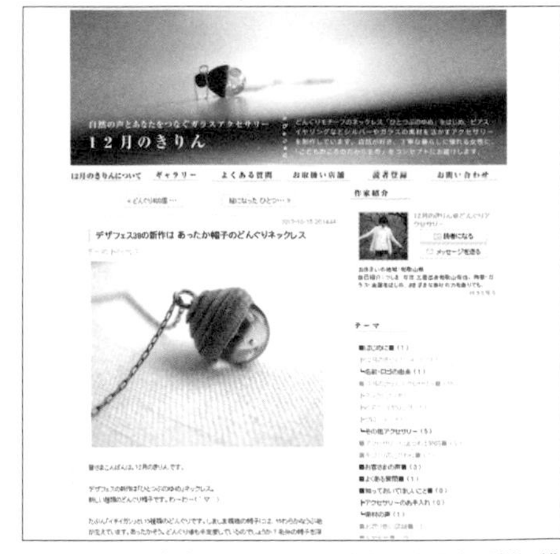

運用非銷售目的的Ameba BLOG讀者登錄或意見欄，進行直接交流的Facebook，可與各方顧客進行溝通。

case study 22

將獨家圖案的刺繡作品，於社群市集上架

真壁アリス小姐

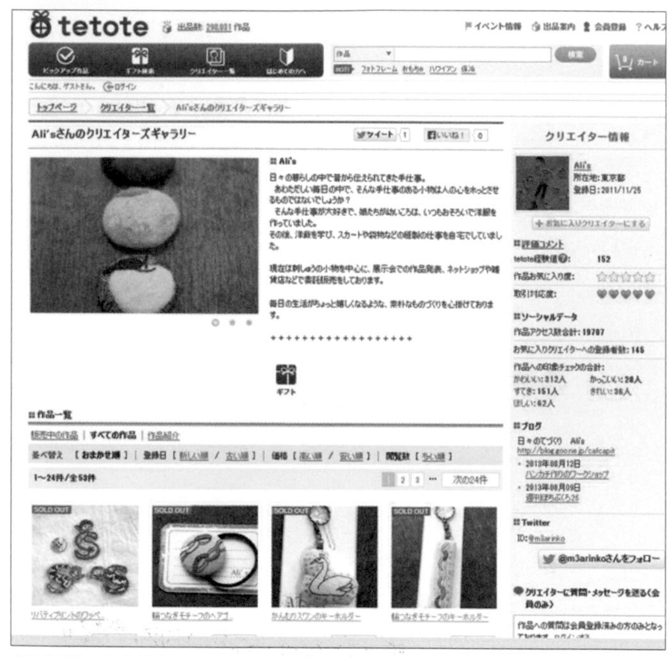

起初經營不用支付任何費用，出貨單與銷售明細等皆已格式化，這些優點，都是我選擇tetote的原因。而且顧客使用起來也相當簡便。

Creator's Data

：Brand Neme

Ali's（アリーズ）

：URL

http://blog.goo.ne.jp/cafcapit/

：Concept

以獨創的圖案，讓作品呈現故事感。

：Item

●胸針、髮圈、紅包袋

：Price

●胸針1,200日圓至1,800日圓

●紅包袋 900日圓

：Social Market

tetote

：Activity

●在雜貨店委託銷售

●於活動、展覽參展

：銷售目標

7萬日圓（單月）

傳遞手作暖度
的刺繡雜貨
小小的世界裡充滿了魅力！

真壁アリス運用原創的刺繡圖案，作出許多的胸針髮圈，造型精緻而細膩。從小小的作品裡，散發出溫暖的手作風格，深獲各界的好評。

Pick Up Items

A

B

A布製紅包袋。可當名片夾或卡片夾使用。B立體森林胸飾，運用圖章與刺繡所作。（兩個一組）。

活動的歷程

從社群市集開始
進而委售作品

真壁等到孩子可以稍微離手的年紀，發現並登錄了社群市集tetote。因不甘於讓手作僅止於興趣，便把之前所作的刺繡迷你包，上傳至市集上架，開始了刺繡作家工作。網路手作雜貨店老闆，在市集發現了真壁的作品，邀請至該店委售作品。也積極參與藝術市集等活動與聯展。

在色澤天然的紙張上，以直書寫上商品的名稱，橫書寫上品牌的名稱。將意為刺繡的單字EMBROIDERY分成兩段配置，鋪陳於商標上面，相當好看。

成功的祕訣

主客相遇一期一會
以體貼的應對傳遞感恩的心情

社群市集的作品因數量繁多、風格各異，難以呈現獨特的世界觀。對上門購物的顧客，要懷抱著感謝的心情。可在接受預約、寄送，或收到網站的評價時，寄發短信致意。除了交由社群市集銷售之外，也要積極參與委售及活動展出，以期達成宣傳的效果。

真壁的部落格。她會在上面定期更新研討會、活動、展示會的相關資訊。以讓生活更開心、樸素的物品製作為主題，撰寫各種拿手的手作。定期介紹人氣布製紅包袋新作的「週刊紅包」，饒富季節感，配合主題立體刺繡，極盡魅力。

活躍於社群市集的作家們

以下介紹在社群市集銷售雜貨的的手作家。
特別向他們請教
利用社群市集銷售作品的理由。

case study 23

玩性大發的蠟燭、
羊毛雜貨等的製作

naooo3小姐

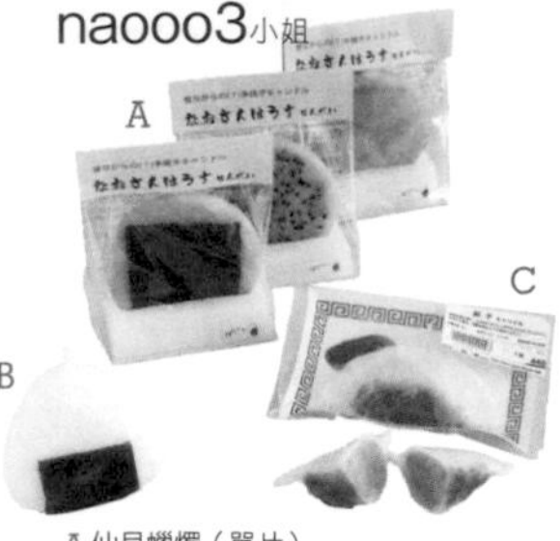

A 仙貝蠟燭（單片）
B 飯糰蠟燭
C 鍋貼蠟燭

Why S.Market?

「可供不特定的多數人輕鬆閱覽作品。宣傳效果可預期，付款方面也很放心。」

Creator's Data

：Brand Name
naooo3 house
（ナオサンハウス）
：URL
http://www.naooo3house.com/
：Concept
願日日都有一點喜悅、一點美好。
：Social Market
・tetote
・iichi
：銷售目標
10萬日圓（單月）

case study 24

有感於越南雜貨的魅力
開始製作原創作品

三宅優香小姐
占部めぐみ小姐

A 北風與太陽
B 布萊梅市的音樂隊

Why S.Market?

「參加活動、藉由媒體介紹……都能作到自己無法獨立完成的部分。」

Creator's Data

：Brand Name
Cherie & Lue
：URL
http://www.cherie-lue.com/
：Concept
每一個包包，都是手作精心打造，擁有別處找不著的獨特性。
：Social Market
・Creaco
：銷售目標
10萬日圓（單月）

case study 25

原創品味的
橡皮擦與胸針

あらいみえ小姐

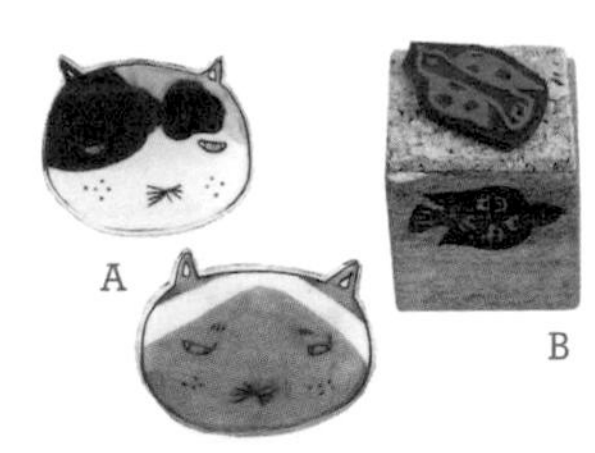

A 三毛貓、暹羅貓胸針
B Bird（圓點圖案）

Why S.Market?

「只在自己的網站進行銷售，感覺上稍弱了些，因此選擇使用營運的氛圍極佳的伺服器公司。」

Creator's Data

：Brand Name
小皿印
：URL
http://minne.com/kozara
：Concept
醜醜的、讓人忍俊不住的小物，營造令人放鬆的存在感。
：Social Market
・Minne
：銷售目標
無

case study 26

以松鼠為主題
的布小物與文具

福士悅子小姐

羊毛氈松鼠玩偶

Why S.Market?

「藉著Twitter等連動，讓更多人能看見我的作品，且可讓遠地的人也能買得到。」

Creator's Data

：Brand Name
little shop
：URL
http://little-shop.net/
：Concept
在名為little-shop的虛擬雜貨店當中，銷售以松鼠為主題的雜貨。。
：Social Market
・Creema
・Hands Gallery Market
：銷售目標
無

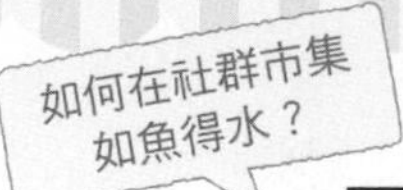

一起來聽聽營運公司負責人的真心話！

隨著社群市集的問世，
全新的手作品銷售模式因應而生，
對於手作雜貨作家而言，一個極大的機會正在萌芽。
以下特地請教了營運公司負責人，
分析手作社群市集的魅力所在，
及要如何運用社群，成為炙手可熱的手作大紅人。
（本數字取自日本2013年12月資訊／INTERVIEWEE請參閱P.62）

Point 活用社群市集五要件

1. 定期更新新作。
2. 勤於撰寫引介作品的照片、文案。
3. 仔細書寫簡介。
4. 對自身的世界觀有著堅定的信念。
5. 同時於部落格及與SNS進行宣傳。

相較於網路商店，其優點為何？

網路商店及社群市集，都是銷售作品的場所，其不同之處在於社群市集的集客能力。

「每天到訪網站人數逾5萬5千人。要在如此多手作迷到訪的網站，免費銷售作品，單憑一己之力，是相當困難的。」（tetote）

網路商店就像路邊的小雜貨店，而社群市集則給人專業購物中心某家商店之感。其最大的不同點在於，喜歡手作雜貨者會特地造訪市集網頁瀏覽。

約在多少價位的作品比較暢銷？

依照各個網站狀況而有不同，不過好像價位較低的物件，會比較暢銷。

「主要價格約在1500日圓至一萬日圓左右。」（tetote）

「1000日圓至3000日圓左右的物件，很受歡迎。」（minne）

經營時裝、木工、陶藝等單價較高的iichi，受歡迎的物件價位則落在4000日圓左右。

圖片及說明文，身負左右人氣的魅力。

每位社群市集負責人皆表示，可以完整傳遞作品資訊的圖片與文案，可令網頁畫面充滿渲染力，與人氣部落格及網路商店的經營無異。

「圖片不僅要拍得好看，拍攝時要從各角度取鏡，並留意作品背景鋪陳等，傳達出獨有的世界觀，是很重要的。」（mime）

「以買家的立場觀察自己的圖片及作品說明，並藉購買其他作者的作品，親身體驗買家的心情，也是件重要的事情。」（tetote ）

此外，商品說明與簡介等相關資訊要不吝提供，也是重點之一。

進行寄送時請不厭其煩，鉅細靡遺！

寄送時用心講究，也是受歡迎的主因。

「打包和包裝都是傳遞作品世界觀的方式之一，以現有的東西，好好研究才行。」（minne）

雖不鼓勵過度包裝，但若能以獨創的包裝，再附上手寫的短信，是一個能贏得顧客歡心的好點子。

人氣社群市集資訊

近年來增加了不少市集網站，以下四個網站目前仍擁有大人氣。（為日本2013年12月資訊）

tetote

http://tetote-market.jp/

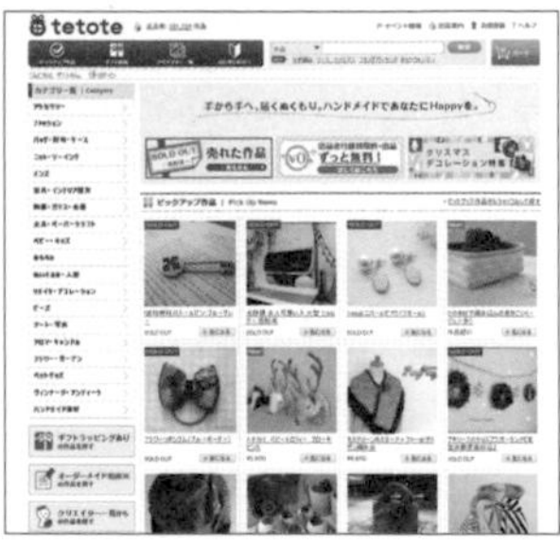

information

參展者／1萬2千人以上

展品數／24萬件以上

每月使用費／免費

銷售手續費／銷售作品款項的15%

付款／信用卡、銀行匯款、便利商店付款

銷售商品種類與價格區間／包包、飾品、嬰兒鞋、室內日常用品　1,500至5,000日圓

本網站除了寄送郵件雜誌、教授網路銷售技巧教學之外，也有製作出貨單的功能，銷售機能相當充實，操作的方式也很簡便。此外，其單日到訪人數，達5萬5千人次，作品的被關注機率大增！

Creema

http://www.creema.jp

information

參展者／12,500人以上

展品數／32萬件以上

每月使用費／免費

銷售手續費／銷售作品款項的8.4%至12.6%

結帳／信用卡、便利商店、現金、PayPal

銷售商品種類與價格區間／包包、西服、飾品&珠寶、匣子、室內裝飾雜貨　1,000至1萬日圓

Creema在百貨時裝樓層，長期舉辦作品展，並曾於德國柏林舉辦過展示會，於網路及實體也辦過許多的活動。與新LA大型活動Handmade in Japan Fes'攜手合作，亦蔚為風潮！

minne

http://minne.com

information

參展者／16,000人以上

展品數／25,300件以上

每月使用費／免費

銷售手續費／10.5%

結帳／信用卡、銀行匯款、郵局轉帳

銷售商品種類與價格區間／飾品、包包・錢包・小物、文具・信紙　1,000日圓至3,000 日圓

凡是在minne登錄的作家，都可擁有專屬的展示專頁，能以作品集的方式自行運用。每天都會透過SNS支援介紹新作、備受雜貨女子的喜愛的網頁設計，皆為受歡迎的原因。現在正積極籌辦實體活動中。

Hands・gallery　market

http://hands-gallery.com/

information

參展者／約2,000人以上

展品數／18,000件以上

每月使用費／免費

銷售手續費／12%以上

付款／信用卡、Pay-easy（銀行）匯款、便利商店付款

銷售商品種類與價格區間／珠寶&飾品與家具&室內日常用品　1,000 至2,000日圓及1,000日圓左右

凡刊登於本網站之作品，尺寸、素材都是可以更改的。此為「客製功能」服務，能讓作品更貼近需求。於東急手創的澀谷店、橫濱店、梅田店等店面皆設同名出租畫廊，並不時會在實體店面展示銷售。

專家的拍攝雜貨密技

在一些無法直接接觸作品的銷售場合，如網路、社群市集等，圖片拍得好不好看，對作品人氣及品牌形象，有決定性的影響。因此，我們請教本書的攝影師川しまゆうこ小姐，請她告訴我們如何在自己家裡，輕鬆地拍出好看的雜貨圖片。以下解說圖片，皆為川しま自家房間所拍攝，並未使用特殊工具。

只有簡單的數位單眼相機、單眼相機或電子式取景可換鏡頭相機者，在添置昂貴的器材之前，請先確認一下，基本配備是否皆已準備妥當。

Profile

川しまゆうこ小姐
千葉縣出生。曾任攝影工作室、攝影助理。2005年開始以自由攝影師的身分接洽工作。於雜誌、書籍、廣告/ web /CD& DVD封套/藝術攝影等各領域，都有傑出的表現。
URL　http://kawashimayuko.com

基本的拍攝器具只需準備這些

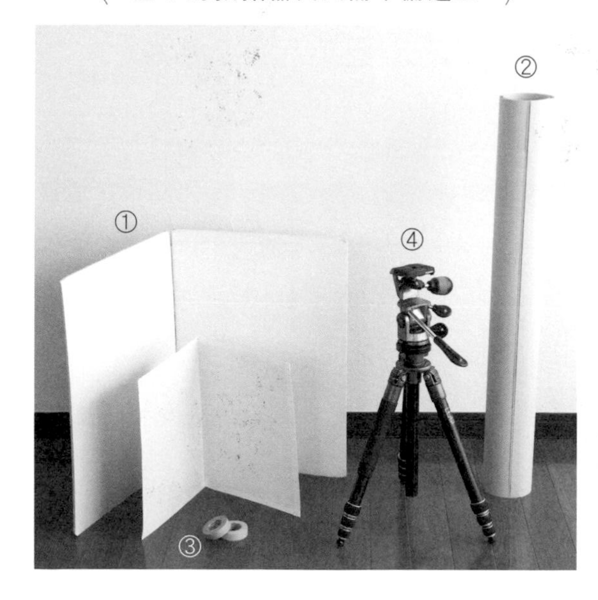

川しま表示：「請準備可反光的白色物品，材料取材自百元商店即可。拍攝雜貨時，與其準備昂貴的相機鏡頭，還不如三角架來得好用。」

①反光板
用於反射光源。用兩張膠帶，將兩張白色的硬紙板貼合後立起。

②背景紙
以大型紙張當成背景。使用色系單純，能襯托作品者為佳。

③紙膠帶
可將背景紙貼在牆壁或地板上。

④三腳架
拍攝小件雜貨或暗室攝影時，容易發生手震的問題，可使用三腳架固定相機。

擺上反光板

理想的拍照用房間，窗戶要夠大，陽光不能直射；牆壁與天花板，都必須是白色。為窗戶罩上一層薄薄的窗簾，在窗戶及其對面立上反光板。這些都是攝影的基礎。

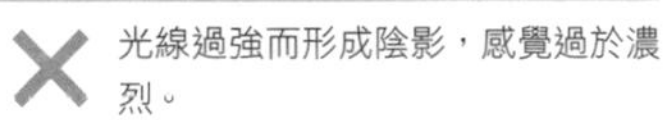

✕ 光線過強而形成陰影，感覺過於濃烈。

○ 立起反光板，讓光源擴散，感覺柔和。

○ 光線透過雲層，柔和地擴散開來，看起來沒問題。

△ 光源均勻，稍顯單調。此時不用反光板較佳。

基本2 小型物件擺在背景紙上面拍攝

拍攝小件雜貨時，因會拉近相機與桌子間的距離，因此桌面的紋路等細微處，會干擾拍攝畫面。請在牆壁及桌面貼上素面背景紙，再擺上物件進行拍攝。

此外，拍攝小東西時，請務必盡量採近距離拍攝。

單眼相機可以近距離對焦，因此可用於拍攝小型物品。可運用數位單眼相機近距離攝影用的微距模式，在這個模式下可以更近的拍攝物體。

使用單眼相機拍攝

使用數位單眼相機拍攝

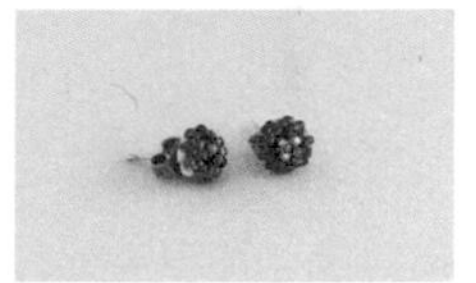

單眼相機與數位單眼相機，此兩者性能最大的差異在於近距離的拍攝。但川しま表示：「近幾年來，數位單眼相機的性能愈來愈好，只要善加運用，也能拍出很棒的圖片。」

基本3 將大型物件擺在地上拍攝

物品較大，不便擺在桌上拍攝時，可先在地板貼上背景紙，再把物品放在紙張上，由正上方往下拍攝。
這種由上而下的拍攝構圖，稱之為「俯瞰」。

以俯瞰的方式拍攝

以俯瞰方式進行拍攝時，攝影者的陰影容易投射其上。拍攝時要讓光源從側邊投射出來，並稍微保持距離，不要過於靠近。

應用 1 以日光燈補光

夜間等光線不足時，請運用檯燈進行補光。燈光的顏色，以接近日光之白晝色為佳。

進行打光時，不要把光源直接投射在雜貨上，而是將日光燈先投射在對側牆壁，再讓光源反射回到雜貨上。

將反光板立於光源對側，拍攝時光線會更加柔美。

日光燈的燈光投射於窗簾＋使用反光板

反光柔和，雜貨整體看來相當柔美。

以日光燈直接打光＋未使用反光板

打光側顯得明亮，陰影處則較不清楚。

應用 2 對焦與朦朧 請自由運用吧！

想拍出細微處清晰可見的圖片，或想呈現出朦朧的氛圍，請自由運用這兩個功能吧！

請調整相機的光圈值（F值）。以數位相機拍攝時，請選擇光圈優先模式（A或Av），調整好光圈之後，再來拍拍看吧！

所謂光圈值，指的是鏡頭的進光量。光圈一縮小（光圈值調大）對焦的範圍就會變大。反之，光圈一調大（將光圈值調小），對焦範圍就會縮小，此時拍出的圖片，背景會顯得模糊。

光圈值以F4，F4.5，F5，F5.6……表示。

縮小光圈＝尾巴的部分亦有對焦。

對焦於臉部與軀幹的部分。

光圈調大＝除了臉部之外，其他則呈現朦朧狀。

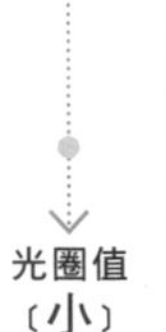

Part 2

手作雜貨的教學工作

以下將列舉，以教授雜貨製作為業的例子。上課的地點不只可以在自宅或文化單位，近來也有人以網路視訊的方式進行教學。找找看，其中有否適合你的上課方式。

Step 1

手作雜貨教學基礎

在活動等場所銷售作品時，常遇到有人詢問：「可以教我怎麼作嗎？」或許有些人會不安地想：「自己製作雖無太大問題，但教學卻沒什麼把握。」不是每一位手作的講師都參加過講師培訓。或許可以一邊製作作品，一邊彙整自己的獨門絕活，嘗試擔任講師的可能性。先試著參加活動的研究會等比較輕鬆的場合，當作練習的機會。

透過研討會的方式進行教學，除了能散播個人的魅力之外，可藉此經營屬於作品的粉絲群。對於喜歡與人聊天交流、樂於傳授手作樂趣者，尤其適合。一起來逐項確認，從事教學工作的必要事項吧。

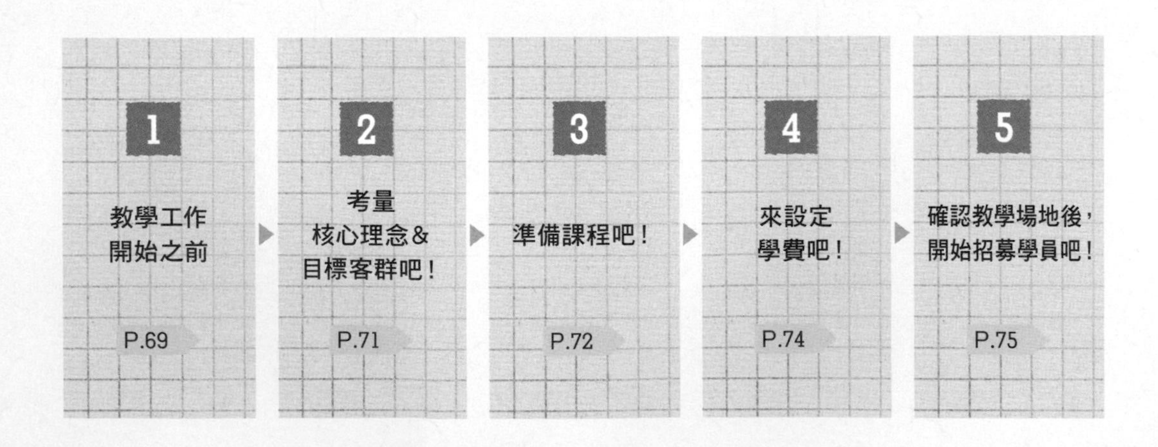

1 教學工作開始之前

在開始教學工作之前
不一定要取得認證資格。
但取得認證資格也有其優點。來說說兩者的不同之處吧！

需要先取得手作專業認證嗎？

最近出現了各種手作認證講座。
許多講師是先到講師認定講座進修相關課程，得到協會認證之後，便以講師的身分開班授課。有些講師則在累積足夠的經驗之後，著手編寫原創課程，獨立開班授課。

取得認證資格的優缺點

具公信力的講座所頒發之講師認證，可視為一項學習憑證。講座提供的全套教學課程，也能免除製作教案的煩惱。認證講師所隸屬的協會，不僅可協助技能更為精進，也能代辦一些繁瑣的手續。但是，協會本身或有活動限制，個人創意難以發揮，也是個不爭的事實。而且，若說要以這些資格認證，就能成立人氣手作教室，答案卻是NO。舉例而言，如果只是要讓地區孩子的媽媽們，體驗到手作的樂趣，此時資格認證的部分，倒是可有可無。
一家教室要有人氣，不僅授課內容要好，教室的氛圍、老師個人魅力，皆為必備要素。考量一下授課內容及取得認證之必要，再衡量是否要花金錢精力，來取得認證吧！

幾個深受手作作家歡迎的認證

琳瑯滿目的手作專業認證，從中推薦並非易事，這裡舉兩個近來常見之人氣認證。

一般社團法人生涯學習認定機構（學習論壇）
Crochet Cafe 鉤針編織認證講座
日本鉤針編織講師培訓講座。課程結訓後，通過作品審 ，就能以公益財團法人日本生涯學習協議會（JLL）認可講師的身分，進行相關工作。
URL http://www.gakusyu-forum.net/

日本羊毛氈手作協會
講師（職業）培育課程
羊毛氈的講師培訓講座。作品製作為必備科目，另外也能學到購買材料規則、上課的進行方式、教法等各種講師必備的技術及知識。有實際操作的測驗。
URL http://felt-lesson.com/

以獨創教學計畫執教之例

宇都宮小姐不僅製作羊毛氈小鳥，而且自行編撰特有的教學計畫，在大家的聲聲呼喚之下，終於成立了教室。從課堂一開始，便以自己的方式進行教學，未曾拿取羊毛氈講師之認證。此類型之手作教室，相關認證並非必備。只要具有教授的能力，而且能招募到學員，就可以在自宅或租借教室場地，開始你的手作教室計畫。

教授羊毛氈小鳥作法的
宇都宮みわ P.85

取得認證與否，準備各有不同

如果已有手作認定講座之講師認證，則講座的學費、計畫及授課內容，都可以依照講師課程規章行事，只有教室場地確認及募集學員的部分，需要自行打理。

另一方面，開課時若想自行編寫原創的教學計劃，而不打算利用講師認證資格，要先就以下幾點進行考量：例如，想成立什麼樣的教室？募集什麼樣的學員？要為學員設定什麼樣的目標？將這些問題彙整釐清之後，再動手編寫教學的計畫吧。

上課的場地、提供學員使用的教材及工具，也都是需要要準備的部分。

到其他講座聽課看看吧！

初出道的講師，也要參加其他的手作講座，藉此貼近學員的心情，了解課程要準備的方向。因為課程的流程及講師的行為舉止，都在學習的範疇，建議盡量多參加各類型的講座。

以下主要介紹的是，當還沒有取得認證資格、一切都得自理時，所要考慮的部分。對已經取得資格認證，並已擔任講師者而言，雖非當務之急，但其中有關設立及經營教室的部分，可供參考。

講師入行準備流程圖

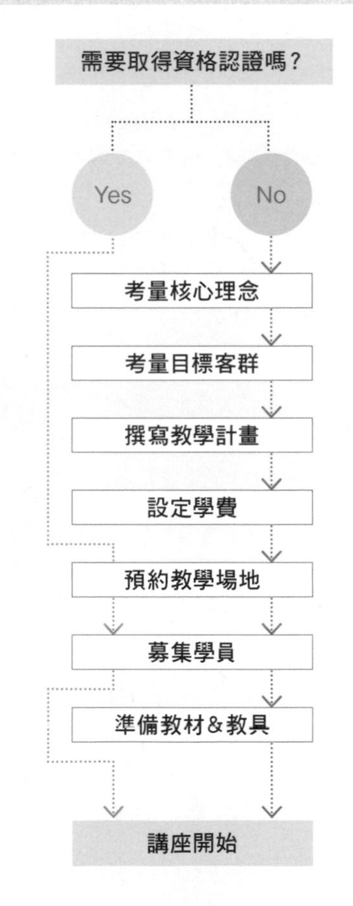

※依照認證資格之不同，有時會由講師本人準備教材、教具，與本圖有所出入。

2 考量有關核心理念＆目標客群吧！

就像考量銷售工作一樣
教學工作同樣也要針對
目標客群設定理念。

於商店、教室都很重要的核心理念！

想讓自己心愛的手作技術得以發揮！有多人設立教室，是出自這樣的想法。開一家手作教室並不很難，但要讓學員在眾多的同型教室與文化學校當中，選擇加入自己的教室，教室理念是個相當重要的環節。

理念，能讓你更確認透過手作教室想帶給學員些什麼知識。藉著釐清核心理念，讓學員與你的目標趨於一致，才能營造出屬於教室的粉絲族群，教室的經營也才能長久。

打算招收什麼樣的學員呢？

到教室上課的學員，都是些什麼樣的人呢？這方面的考量，就是設定目標客群。舉例而言，如果教室的理念是「誰都能學得來的，簡單快樂的手作教室」，因為教室以休閒為導向，可將目標客群設定在住附近，家裡有孩子的媽媽們。也可考慮在報導地方訊息的免費生活情報誌、地方性報紙刊登廣告作宣傳，或以LINE等簡便的通訊軟體，發送招生訊息招募學員。鎖定目標客群之後，接著就能考量招募學員的方式及訂定學費的區間。

思考核心理念的例子

以下將列舉教室理念、可能之目標客群、應會歡迎的價值、講座提供方式之例子。這些只是一些例子，請試著思考屬於你自己的理論。

輕鬆簡單就能享受！路邊的手作教室

目標客群／住在附近，對手作有興趣者。想為孩子親自手作的媽媽。

價值／可以空手上課。製作平日數小時可完成的物件。作自己想作的東西。

提供方式／自宅教室。街道的文化教室等。

成為工作！實踐型手作教室

目標客群／想以手作為工作的人。

價值／以講師為工作，並學習集客方法。下班後能上課的時間帶。

提供方式／到教室上課、影片函授講座等。

Point 想一想，你想要滿足學員哪個部分！

到你教室上課的學員，你希望他們有著怎樣的心情呢？這是在考量核心理念時，相當重要的部分。教室的教學計畫，也將隨之有所不同。你要教給他們什麼、學到什麼？學員將因此成為什麼樣子？將這些問題彙整成你的核心理念吧！

3 動手撰寫教學計劃吧！

在什麼樣的講座，作什麼樣的作品，
是學員們最在意的部分。
編寫符合學員目標的講座教學計畫。

首先，請以學員的角度進行考量

在編寫教學計畫的時候，請先回想一下，你開始學習手作的情形吧！你在哪一家教室上課呢？挑選那一家教室原因，你可還記得？

學員們抱各式各樣的目的到教室上課。充滿興趣的初學者、想持續手作者、欲提升手作技術者，形形色色。先回想一下教室的核心理念及目標客群，再想一想學員們會喜歡些什麼課程吧！

教學計畫的撰寫方法

想在課堂教些什麼呢？將之化為具體考量，即為撰寫教學計畫。先依核心理念，考量教室內的講座內容。

如果教室的主軸為享受手作的樂趣，就得依製作的作品逐項編寫計畫。若為講師培訓講座，就要依學員本身的技術水準，分為初、中、高級課程，依各階段來決定製作的作品。

教學計劃亦需差異化！

舉例而言，在P.78中介紹的法式布盒作家井上ひとみ小姐，她以北歐布料作成的作品，受到許多人的喜愛。市面上的法式布盒教室並不少見，但以北歐布料當成作品之特點，有別於其他教室因此脫穎而出。有很多學員都是衝著布料漂亮的法式布盒去她的教室上

教學計劃撰寫實例

隨意、簡單、樂在其中！路邊的手作教室

學員的目的

／享受上課的樂趣。

課程編排實例

／依學員想製作的品項，來編排講座的內容。

・作羊毛氈小鳥
・作法式布盒的箱子
・作小熊玩偶等。

成為工作！實踐型手作教室

學員的目的

／視手作為工作之紙型課程。

課程編排實例

／根據學員的技術水平，準備相關的階段性課程。

・初級　學習布偶基本作法
・中級　學習挑選材料與進貨的方法
・高級　學習紙型製作法
・講師培訓課程等。

Point 試著來編寫課程吧！

如果對課程編寫還在猶豫不決，可以試著辦幾場實驗性講座看看。有時你精心舉辦的講座，實際上並無太大需要，不甚積極的講座卻很受歡迎。可以試著舉辦一次講座，來穩固自己的信心。

可借用場地或是咖啡店，當成上課場所。但無論哪一種講座，若沒有設法積極集客，無法凝聚學員。包含集客在內，都要當成學習的一部分喔！

課。就像這樣，在考量講座教學計畫時，把自己最講究的部分作為亮點，並加以表現，和其他人的作品有所區別。

規劃教學計畫時，不論是哪一種類型的講座，都要呈現屬於自己的作品風格喔！

編寫講座計畫及體驗課程

以教室的核心理念為中心，以學員所設定之目標，為最初的目標。

如果教室的宗旨，為享受手作之樂，可以透過每週1至2次的課程，依講師設定的題目製作作品。課程中，先由講師親自示範作法，進而從旁協助學員，直至作品完成。

如果講座的目標，在於取得講師認證資格，則要由初級開始編排課程，然後循序至高級講座，以連貫的技術為其學習的目標，再進階至講師的培訓課程。

首先，要考慮的部分，為教室及講師本身營造的氛圍，接著準備可實際試作的體驗課程即可，每種狀況皆然。利用一日體驗進行實作，學員們就能以輕鬆的心情參加課程。但若事前未確認教室的目的，很容易跟學員一起漫無目的地試作，造成學員什麼都沒完成，就結束了。一定要注意，不要變成這種狀況喔！

體驗課程的目的畢竟還是要結合正式的講座。

課程時間＆上課日期

有關課程的長度及要在每周上課天數，依當時所招收之學員與舉辦場所，而有很大程度的不同。每周上課天數依學員需求而定。一般而言，單堂講座的時間，大約在兩至三小時左右。

考量教學計劃時，要以學員方便到校上課為前提。

依不同的目標客群及場所進行考量的實例

在東京都心的辦公室林立的區域所舉辦的課程

／參加者多為下班後的上班族學員，晚上比較方便聚會。

住宅區自家沙龍的主婦學員

／白天要比晚上方便些。

Memo **在咖啡店舉辦講座的選項**

有不少的手作講座，採取借用咖啡店的方式舉辦。以此開辦講座的優點很多，舉例而言，可從咖啡店主要客層來設定講座的目標客群，同時也比較容易吸引初次參加者。

我自己也曾在咖啡店舉辦過課程，但不是手作研討會而是學習會。就課程主題、人數與日程與老闆展開討論，最後以預約咖啡店餐點的條件，商借兩個小時場地。 因為店家還要作生意，也為了避免影響其他顧客，最好先向老闆請教，租借場地上課是否可行喔！

Point **確定學員及你的目標！**

依講座的屬性，來確定學員與你的目標，是很重要的。

舉例而言，體驗課程的目的終究是為了連結正式課程，對這點一定要確實執行。只有想要體驗課程的新學員來來去去，並非長久之計。

4 來設定學費吧！

任誰都很傷腦筋的學費。
在進行詳盡的行情調查之後
思考一下教室要以何者為重，再行設定喔！

從調查學費開始！

原創的課程，學費就必須由你自行決定。

手作講座的學費有其行情，就和手作雜貨商品是一樣的。

行情調查完成之後，一開始所設定的價位，盡量勿與附近行情相差過大。

學費不用完全跟著行情走。但若較市場行情為高，一開始在招生方面或會比較辛苦，要到教室的口碑出現之後，才會稍加緩解。若提供之價格較行情為低，有時只能吸引到追求低價的學員。待行情調查完成之後，就要想辦法提供高於行情的價值，並要努力提高教室的評價喔。

百元價體驗課程？

舉辦體驗課程的終極目標，畢竟是為了連結課程。

材料費若無赤字之虞，以百元價格來享受一下或許也不賴。但若遇到一心要以百元價享受的學員，要希望他能藉體驗課來連結正式課程，也許還是有些難度。

可以先好好想一想體驗課程的目的，再來設定學費。

調查標的實例

・選址面：附近教室的學費

・類型面：同類型教室的教材與學費

學費依照課程的內容各有不同，我自己在向雜貨工作私塾的學員授課時，也希望他們能針對以上兩點進行調查。所調查的講座對象，為你的競爭對手。調查時不只要針對學費，有關講座內容與集客方式也在調查之列，因此，平時就要多加蒐集相關資訊喔！

學費設定實例

專為大人而作的浪漫甜點主題
Mooi×Mooi

HURUYAYUMI　小姐 P.94

・體驗課程　1次2,500日圓（包含材料費）
・裝飾甜點初級講座　1次3,500日圓（包含材料費）×12次

讓整理成為樂事的編織籃教室
CHIKA的置物籃

越野千夏子　小姐 P.94

・研討會　1次3,00日圓（材料費另計）
・文化中心　1個月1次　學費2,100日圓（材料費另計）

左為出自MooixMooi的甜點主題。
右為CHIKA 的置物籃之紙籐編織籃。

5 決定教學的場所之後，接著就要開始招募學員囉！

挑選優質場地很重要，
但招募學員更重要。
嚴密的資訊傳遞力亦為重點。

準備教學的場地

在執業初期，想要盡量省下經費，可以運用自宅的一間房間作為教室，也可考慮租借地區的區民、市民館、男女共同策劃中心等，價格比較便宜的場地上課。但因上述設施的使用者為數眾多，因此要盡早預約才能如期開課。預約的時段要能涵蓋課前準備，及課後整理的時間。

最重要的步驟——馬上來招募學員吧！

舉辦講座就一定要招募學員。具體的實例請見右側。一定要記住，集客方法不只一種！

成為一位講師並不很難，不過集客這個部分，倒是讓很多以講師為業的人相當困擾。舉辦一個成功的講座，就非得招募學員不可。集客的方式林林總總，請先評量自身狀況，再行集客。近來以部落格、Twitter、臉書等集客已屬稀鬆平常，若是目標客群為不上網的世代，以地方報紙或傳單等進行宣傳，效果感覺也很不錯。

集客方法的具體實例

發傳單、DM進行宣傳

若想要銷售作品，應該趁參加手作活動展出時，利用活動的集客力散傳單及DM在會場相逢的人也有可能成為學員。不只可在活動發放，也可將傳單擺放在無利害關係的場所，如住家附近的咖啡店或雜貨店，供人取閱。

在地方報紙等刊登廣告

如果資金足夠充裕，可在教室區域發行的地方報紙刊登資訊，集客效果不錯。

善加利用部落格、SNS

以講師為業者多半會在部落格進行集客。為部落格下標題時要把教室所在區域、專職作品等清楚地加以標示，作為集客之用。（例：千葉縣八千代市的編織玩偶教室）而且要經常上傳作品圖片，勤加撰寫教室的訊息，用心經營出一個易讀好懂的部落格。把文章上傳到部落格之後，記得要與twitter、臉書進行同步。

Memo 廣受矚目的LINE@

聽說每兩位智慧型手機的使用者，就有一人使用通訊軟體——LINE，此軟體在日本也推出了適用商店及設施商業帳號的服務LINE@。在美容、餐廳領域皆有集客成功的案例，受到相當的矚目。不僅是LINE，網路市集於隻身奮戰的雜貨作家而言，也是最佳的夥伴。

Step 2

不同教學地點

手作雜貨愈來愈受歡迎，教授雜貨作法的需求似也有所提高。

擁有教學能力者除了在自宅上課之外，也可在常有手作講座舉辦的文化中心、手作活動、廠商參展的大型活動研討會等場所進行授課，可供揮灑的場域相當豐富而多元。除了面授、銷售套組或作法說明等進行之外，也有不少人以線上講座的方式教課。

身為一位講師，所能發揮教學專長的舞台，隨著你的想法可大可廣。教學場所有那些呢？以下會逐一為你舉例介紹。

讓我們一起來看看，各種活躍的教學場所，及其實例（案例分享）吧！

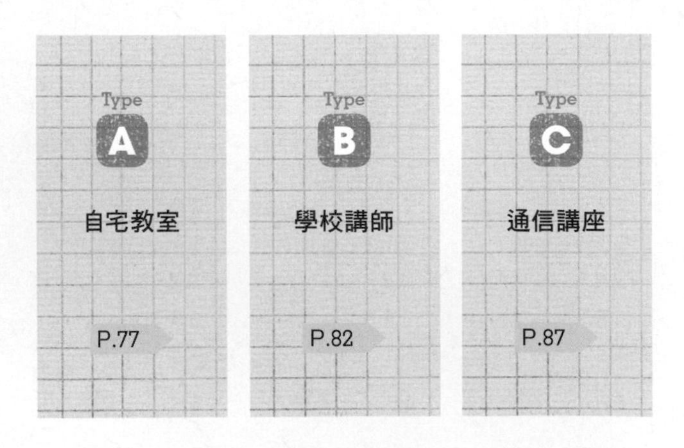

Type

自宅教室

在開課教人製作雜貨之初，想省下場地費與通勤時間，自宅上課可是一條捷徑喔！但若是因此想把家裡整理得漂漂亮亮，花在整修方面的金錢可大可小，這也是自宅教室的特點。換句話說，要作些什麼，都是由自己決定。自宅教室絕非一種簡單的教學方式，但若經營成功，相信講師身分能發揮的場域，也會一個接著一個拓開展開來。讓我們一起來看看，如何經營一家自宅教室吧！

關於自宅教室上課的幾點建議！

根據擔任自宅講師逾十年的老師表示，在自宅上課最大的優點，是能親自照顧家中的小孩子們，而且能一邊當講師，一邊帶小孩、作家事。兼顧家庭與工作，可以贏得家人的諒解。且可供研討會租用地的場所，最近雖有增多的趨勢，但都需場地費的支出。自宅當成教室，不僅能省下場地費，也免掉了搬運教材與工具的時間。

自宅教室上課需注意的事項

省下場地費是自宅教室上課的優點，但從另一個角度來看，就非得公開自家地址不可了。且使用的區域不只是房間，因此玄關到房間的動線、洗手間等處，都要打掃得乾乾淨淨才行。此外，當家人的休息時間與教室重疊之際，不僅學員感到尷尬，家人也會感到擔心。雖然講座時間早有明訂，但學員們一打開話匣子，就毫無離座之意等狀況，也經常上演……因此在生活空間及時間方面，凡事都要先劃分清楚喔！

case study 27

在自宅教室當中，展示北歐布料製作的美麗法式布盒。

井上ひとみ小姐

整齊排列於教室備用的法式布盒作品。這些法式布盒的色調明亮，亦可當成室內裝飾使用，據説見過的學員，莫不紛紛表示想將它當成下次作品主題。

井上ひとみ也會將大量法式布盒作品，提供給手作雜誌。許多前去上課的學員，大多是被這些原創性高又漂亮的北歐法式布盒所吸引。

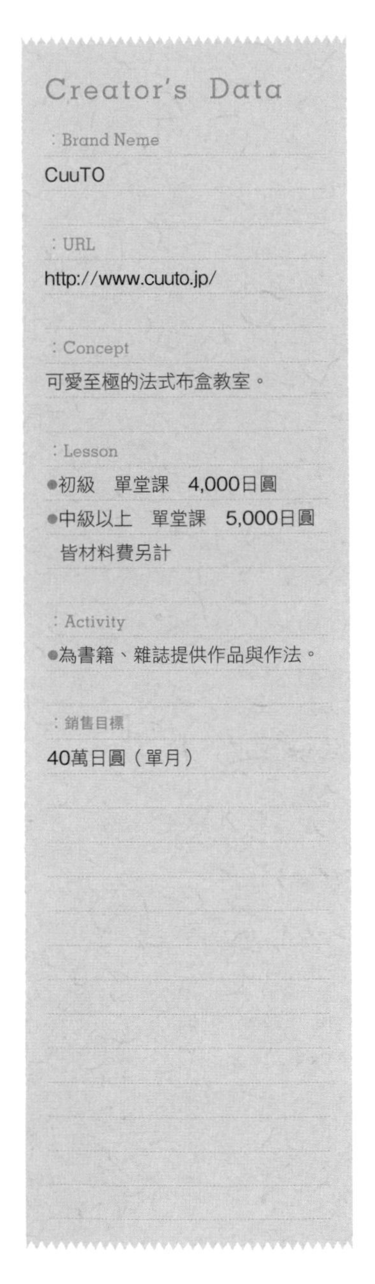

Creator's Data

：Brand Neme

CuuTO

：URL

http://www.cuuto.jp/

：Concept

可愛至極的法式布盒教室。

：Lesson

●初級　單堂課　4,000日圓
●中級以上　單堂課　5,000日圓
皆材料費另計

：Activity

●為書籍、雜誌提供作品與作法。

：銷售目標

40萬日圓（單月）

活動的歷程

法式布盒的邂逅
緣起於裝飾刺繡及繪畫

井上的父親老家曾經營男裝店，因此，手作對兒提時代的井上而言，只是遊戲的一種。因結婚離職之故，讓她重燃對於手作的熱情。在辭去工作之後，便開始學習之前就很想學的刺繡及繪畫，因想為成品裝框留念，尚在考量是否可以自行作框之際，遇見了法式布盒製作。

可以教我嗎？在聲聲呼喚之下，
邁入了講師之路

因深受法式布盒的魅力吸引，便動手製作布盒送給友人。對方收到禮物時，表達了希望能學習布盒作法之意。為滿足對方的期待，自己花了三年的時間默默學習，期望能藉此具備授課能力，在學習過程中，受到教室老師的信賴，幫老師代課，進而成為一位講師。

確立獨創手法之後
自宅教室開張

擔任講師大約三年的時間當中，她深深愛上五彩繽紛的室內裝飾雜貨製作。在確立了作品風格及教學的方式後，她目前在自宅與專門工作室等處，設立了獨創的法式布盒教室。

CuuTO

Hitomi Inoue

Brand History

- 2002起　友人希望能學到法式布盒的製作方法，因此決定認真面對此事，開始進修並持續製作作品。
- 2005年　上課的教室邀請擔任初級班的講師。
- 2007年　自立門戶。教室開課。於自宅、都立大學。
- 2009年　雜誌《ステッチイデー》(日本ヴォーグ社)刊登自宅。自此開始為雜誌提供作品。
- 2012年　明大前教室開課。
- 2013年　於惠比壽設立工作室。

Pick Up Items

A 1kg裝的茶盒。最適裝入茶葉、香辛料等怕受潮的物品。B 說到法式布盒，首推這個流蘇小盒。C 法式布盒之最初製作的簡約附蓋小盒。（皆為非賣品）

成功的祕訣

在自宅設立教室，需要準備些什麼呢？
讓我們以井上的教室為例，進行基本的認識。

體驗講座畢竟只是一張入場券 以體驗講座為模擬，撰寫教學的計畫

雖取得了手作講師認證資格之後，就能依樣進行教學，但若要以原創的方式教課，就要先考量出教室的類型，預設學員的目標，再著手撰寫講座的教學計劃。可先舉辦體驗講座，來感受整體的氛圍，作為下回講座之參考。因式布盒屬付費講座，因此井上在訂定學費時，會為可能報名的學員，訂定一個容易入門的價格。

提供給學員喜愛的課程 成為讓人想要再度造訪的教室

喜歡法式布盒的人，大多會被「盒子」的魅力所吸引，不過多數的法式布盒講座，都要從基礎學起，才能進階至盒子製作課程。井上表示：「希望學員們一開始就能享受到製作的樂趣，因此特地以第一次就能上手的方法，讓大家能盡情享受手作趣味。」井上總能貼近學員需求，因此她的講座總是座無虛席。

注意！人氣自宅教室作法

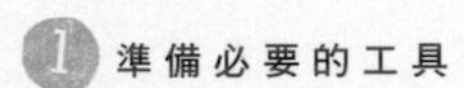

1 準備必要的工具

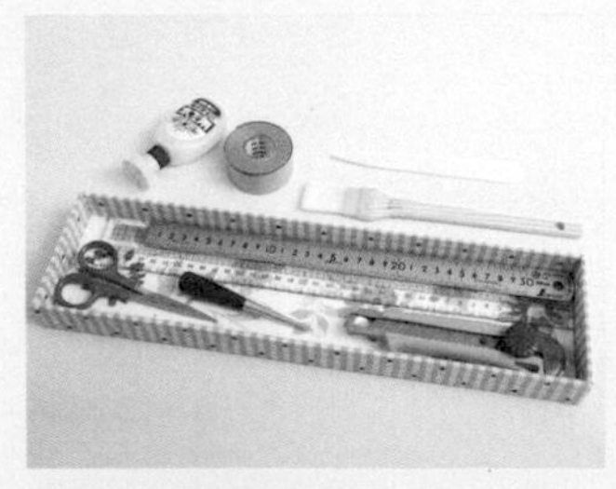

特別是舉辦體驗課程時，有許多人會空手到場，要將先準備基本的工具組，準備妥當。

2 依人數確認教材與材料

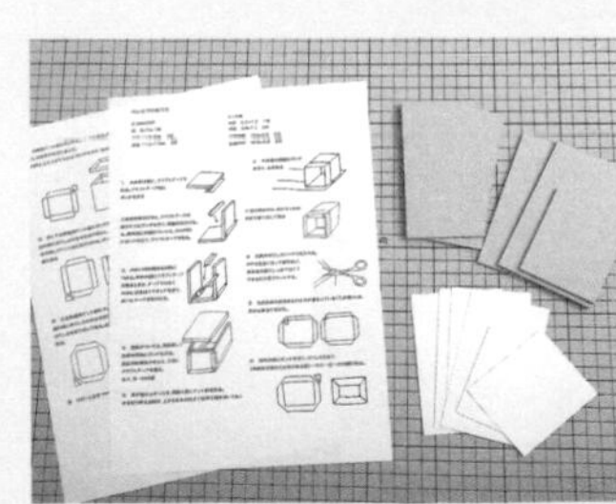

作法及教材，都是由井上親自撰寫。從材料解說以至於作法的訣竅，教材當中皆有詳述。在上課前一天，依照參加人數準備教材與材料。

3 展現豐富多才的作品，刺激創作的慾望

在起居室牆上置物架，擺放著許多作品。我也能作成這樣嗎？此般驚嘆，激起了創作的欲望。

工作上的好點子

如何面對成立自宅教室時的疑慮，並進行相關的準備呢？

如何消除
安全方面的疑慮？

井上以自家客廳作為自宅教室之用。在自宅授課，即意謂著必須公開自家資訊，友人對此舉之安全性，也曾表示擔憂。既然招募學員，就必須告訴對方教室所在地。她表示只將自宅地圖提供給已報名的學員。

溫煦的陽光，從大大的窗戶，灑進起居室當中。以自製的大大的桌子，及法式布作座墊的椅子，來迎接學員。

學員上課的理由是
「這裡才學得到！」

自宅教室愈來愈多，讓人想要一來再來，那可真是了不起！井上在教室牆壁上面，貼滿了作品圖片，望能藉此激起學員起而仿效的鬥志。這裡才學得到！希望營造此般氣氛，以穩定老學員。

向人氣插畫家ニ木ちかこ訂製的商標，再委請黏土作家朋友代作的看板。傳遞出陣陣手作的暖意。

學員對我有什麼期待呢？
教室一開張，這個問題就冒出來了

每個人學習的動機都不一樣，有人想要享受舒適的氛圍，有人則想藉手作以療癒。井上說：「到我教室上課的學員，都是樂在手作的人。」在教室開張時，將所學傳授給學員，自己也從學員處，得知他們有些什麼樣的需求。

POINT 2

椅子的坐墊，
也是用
法式印花布作成

家中擺滿了許多讓學員們驚呼：「我也想要作這個！」的法式印花布作品。右圖的椅墊也是法式印花布的作品之一。

手作講師

這些應文化單位的邀請擔任手作教學的講師們，是否帶給你無比的信賴感呢？不僅是本人想執教鞭，也是因為可以擔任講師，等同被視為「有教學實力」吧！聽說有些人之所以尋覓教職，除了講師費的誘因之外，也是為了累積學校講師的資歷而去。
一起來看看手作講師的實際狀況吧！

講師工作的幾點建議！

日本廣受各界歡迎的民間教育講座，提供了短期進修文學、歷史以至於興趣嗜好等各項課程。報社與電視台等媒體，亦提供了許多講座的課程，若能得到講課機會，對於提高自身講師信賴度有很大的幫助。有了講師經驗，也有助提升獲聘機會，並能藉以累積講師的實戰成績。
配送家戶的傳單上面，會印上講座資訊等，單位方面也會幫忙進行宣傳、集客，可說是好處多多。

講師工作的注意事項

試著擔任講師，以提升講師信賴度及經驗。另一方面，講師費多取決學員學費成數，因此實難有大筆進帳。故此，許多講師除了在該單位授課之外，多半也會經營自己的手作教室。
若要在手作雜貨的工作當中，選擇專攻講師一職，利用各文化單位之信用度及實績之餘，也要鑽研提升自營教室知名度的方法喔！

講師工作流程

不期然的邀約是一定會有的，以下要介紹給你毛遂自薦的方式。

❶針對喜歡的文化單位，進行調查

去附近的文化單位看看。感覺像是目標客群會去的文化單位，也要調查一下喔！

❷準備工作資料

工作履歷、個人履歷表及能了解作品的圖片等書面資料。有時候也會從圖片拍攝方式，來檢視講師的品味。請參考委託銷售的應徵 P.32

❸確認文化單位的首頁

有些文化單位的網頁會附有申請表，讓講師進行登錄應徵。如果要從網頁申請，在填妥必要項目之後，要進行詳細的自我介紹。

如果網頁未附申請表，也可將工作資料寄至文化單位。信封寫上講座負責人收＆內附講師應徵資料，註明收件者名稱及內附的資料明細。

❹與負責人進行面談

由文化單位方面連絡之後進行面談。到訪時，盡量帶著自己的實際作品及樣本等前去。有些訊息是圖片無法傳遞的。

❺商議講座內容

針對講座期間、內容、學員招募數、講師費等議題進行討論。商議時，也要針對集客方式積極提案喔。當天要發給學員的教材，是要事前交付影印或自行處理呢？如果要使用幻燈片，要如何交付資料呢？必要器材之搬運方式等具體的行動，也要事前詳加確認喔！

❻講座開始

把準備時間也算進去，盡量提早到文化單位備課。全心全意準備一個歡笑聲不絕的快樂講座吧！

❼透過問券等方式，以發掘之後的課題

如果文化單位有準備問券，那就把寫好的問券取來參考。確認有否被疏漏之處，或覺得開心的評價，作為下回舉辦講座時的參考。

Point 重點在於溝通

文化單位的講座主題，與其說是自己想進行的主題，不如說是校方希望開設的課程。與校方溝通取得共識之後，同心協力舉辦一個成功的講座，讓到校上課的學員都能樂在其中，此種態度最為重要。

case study 28

因為鍾愛的鳥兒，而成為一位羊毛氈講師

宇都宮みわ小姐

溫暖的羊毛氈，搭配柔軟蓬鬆可愛的小鳥，絕配！
是出自上述意象之衍生嗎？據説學員皆表示想要製作小鳥！

Creator's Data

：Brand Neme

cotori*iro labo.こ＊みわ

：URL

http://ameblo.jp/co-comiwa

：Concept

因喜愛棲息在樹枝上的鳥兒們，製作了像把大自然中生活的小鳥們，悄悄從樹枝上取下、捧在手心的羊毛氈小鳥雜貨。

：Item

●單堂課程：課程時間2至3小時 3,000日圓起（依用材料變動）
●文化單位（3個月）：課程時間2小時　2,100日圓（教材費另計）

：Activity

●於雜貨店委託銷售
●於百貨公司活動、地方活動展出

：銷售目標

5萬日圓（每月）

「完成了！」聽到學員的歡呼乃人生一大樂事 ！

想以心愛的小鳥為原型作成作品！基於此一契機，好不容易找到了羊毛氈。「何不試著教教看？」受到之前代售羊毛氈的老闆邀請，便借店鋪一角，入行成為講師。因親手所撰寫的招生文章，也開啟了講師之路。據說一邊想著學員的笑靨，一邊考量適合其程度的作法，是她的人生樂事之一。

Pick Up Items

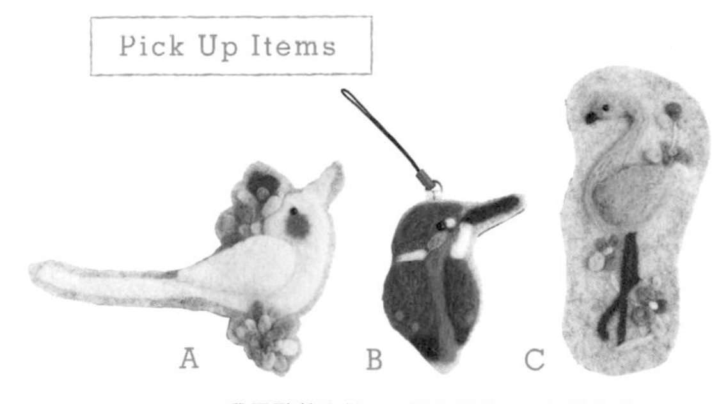

A雞尾鸚鵡胸針。B翠鳥吊飾。C紅鶴胸針。

如何成為成功的手作講師？

如何成為文化單位講師，聽聽大家怎麼說。

對以講師為本業者而言，擔任文化單位的講師，是個能立即間提高信用程的機會！有關如何展開文化單位的講師之路，並成為人氣講師的祕訣，在此請教了在東急電鐵沿線五處經營文化學校・東急研討會BE的須藤絵里小姐。

——在文化單位當中，哪種講座比較受歡迎？

須藤　以最近的趨勢來看，不需太多工具，輕鬆就能動手作的講座，比較受歡迎。

——一般使用何種方式找教師？

須藤　東急研討會BE的部分，在網頁處備有講師應徵的表格。自網頁申請的資料為五處學校所共有。應徵的人非常多，由此管道獲得錄用者，大約在10%左右。雖無既定標準，但能提供漂亮的圖片者，會被評為擁有展現自己的能力。此外，作品擁有自己的特色，也是一大重點。

有時也會從書或網路找尋講師，若發現適合的作家，我們會專程前往觀展，邀他們到本校擔任講師。

——講師費大約多少？

須藤　學費依照講師及講座的性質，分別有所不同。幾乎皆由學員平攤學費，因此會依人氣、經驗進行提案。再另外向學員收取，教室所需的材料費。

——什麼樣的講師比較受歡迎？

須藤　文化單位的學員每月到校上課約1至2次。擁有製作令人驚豔作品的能力，自然不在話下，但要與學員晨昏共處的講師，人品方面是相當重要的部分。以營運者的立場而言，如果是一位在講座開始之際，能與校方一起討論集客方式，並對講座的利潤多所考量的講師，當然想與之建立長期合作關係。反之，以堅持己見的態度任教、無法遵守約定者，則讓人敬謝不敏。

——應徵時需要準備什麼呢？

須藤　就本單位的狀況而言，在網頁備有履歷表的格式，履歷表及可供了解的作品的資料皆為必備，新型態作品或獨樹一格的手作，我們都很歡迎，只要作品的特色足夠鮮明，即使本校已有同類型講座，也會為你另闢新講座喔！

——原來如此，非常感謝您！

INTERVIEWEE

東急研討會BE 青葉台

講座企劃・營運負責　須藤絵里小姐

School Data

文化學校東急研討會BEE青葉台

：URL　http://www.tokyu-be.jp

：ADDRESS　神奈川縣橫濱市青葉區青葉台2-5-1 青葉台東急Square Souttvl別館5F

也可在活動授課，作為講師工作的延伸

此為「以興趣為工作」的演講會，所舉辦的研討會實景。講座邀集了法式布盒、籐籃編織、口金包等各領域的手作講師。

隨著手作人口與市場規模愈形擴大，地區或企業所舉辦的手作活動也愈來愈多。

活動當中，不僅會銷售手作雜貨，也會舉辦各種的研討會，感覺上為此而來的顧客似乎愈來愈多。

在2013年的6月底，我也在千葉縣男女共同策劃事業的一環，舉辦名為「以興趣為工作」的演講。當時也和「以心愛的手作為業」的講師們，在會場內舉辦了各種研討會。

在2012年時，也曾應建築商的展場之邀，在樣品屋舉辦了研討會以協助招募。

手作廠商為了促銷自家的材料，也會在手作展的展位當中，舉辦各種的研討會。

也有些如同 P.102，以講師的身分與異業合作，藉由廠商將作品加以商品化等，與大型企業結盟。

講師薪資雖依績效而定，但藉著不斷累積經驗，或許也是開展下次機會的契機。那麼，請積極地參與活動，並與異業展開結盟吧！

ADVICE

先釐清教學目的

- 活動的一部分
- 展示活動等集客之用
- 促銷之用
- 為了自行製作

被委託進行教學的目的，就如上所述形形色色。依照委託方之目的規劃經營講座。不僅需要製作技術，也要有與營運方溝通的能力，還要具備依講座目標與時程，進行營運管理的能力。

Type C 通信講座

網路運用已屬稀鬆平常，有許多工具自銷售到宣傳都不用付費，操作方式也很簡便，不僅能用來銷售手作品，銷售起「手作雜貨作法」的資訊很便利。以下逐一介紹雜貨作法的具體銷售方式，及網路手作雜貨講師等實例。

通信講座的幾點建議！

通信講座不用租借教室也能開班授課，也不需要花太多錢，就能以手作雜貨為業。家裡有小孩須照料或另有工作者，皆能無後顧之憂地輕鬆教學，是通信講座的優點。和定點教室不同之處，在於各方的學員皆可為教授的對象。

通信講座的注意事項

若能將雜貨作法歸納整理起來，馬上就能從事教學工作，但前提是必須擁有熟稔的網路能力。把銷售作法的網路商店或部落格架設完成之後，若無法吸引潛在顧客，就無法結合銷售。近來要成立網路商店或部落格，都不是一件難事，因此，請先在網路建構一個銷售場所（見P.47網路商店）吧！如何建立集客及宣傳的機制，也是個重要的課題。

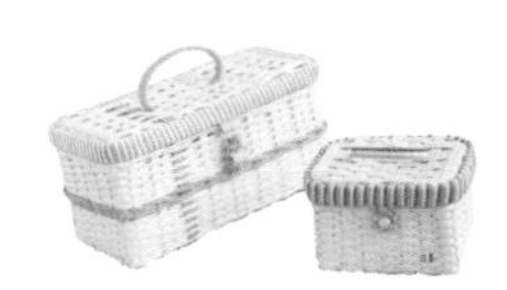

作法＆材料包的販售流程

在為通信講座進行解說之前，先說明材料、作法說明及材料包的組成方式。
這份工作，個人很容易起步，也很適合想享受手作之樂者的需求。

❶考量安排的套組及理念

思考一下，想要輕鬆享受手作的人會想作些什麼。

❷依照核心理念 考量講解作法的方式

想一想，要把哪些材料（紙型或工具等）組成套組呢？要作成什麼樣的作品呢？

❸撰寫說明書

先說明組合包內的材料，再講解作法。將成品的圖片拍攝下來。

❹包裝寄送

將作品裝入透明袋中，再把袋子放進可愛的箱子裡，打包起來超有品味！

❺集客、銷售

在網路商店與活動當中販售。也要將之後的詢問受理先準備好喔。

Point　作法之外的價值，格外重要

想授人以雜貨的製作方法，但原來網路上就能免費取得，只要上網稍加搜尋，不用錢的雜貨作法即源源而來。如果能免費取得資訊，那又何需花錢購買呢？此時，營造購買的動機，就顯得分外重要。

銷售材料包的技巧

手作屋・萬莉將口金包的紙型、作法、口金與紙捻繩組成一包進行販售。一起來聽聽該店的經營者，宮川惠美的說法。

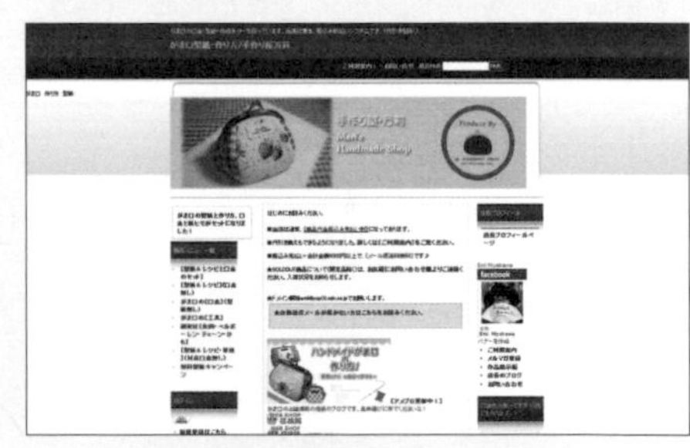

手作屋・萬莉　URL　http://mari.ocnk.net/

如何處理購買者的詢問？

以宮川的狀況而言，她會針對網站諮詢表格所提出的詢問，進行個別的解答，並將常見的問題彙整成文，上傳至部落格。部落格搭配大量圖片，讓說明更加簡單易懂。
有些作家會以LINE回答相關詢問，雖然這不是宮川的作法，還是提供給您參考。
請以顧客的需求，為第一優先考量吧！

如何定價呢？

口金等買來的材料，才有進價可言。而紙型等都是自己作的，一開始沒法訂出價格。因此宮川會在影印及印刷的墨水費、信封及包裝費的成本之外，另外再加上手作費，再斟酌收取一些型紙費，希望能捉住顧客的心。

建立線上講座的流程

無法長時間在外、想學習但苦於附近無教室……
適於無法通學者的網路講座，其需求量愈來愈高。

❶編寫原創課程

設定學員的目標，編寫原創的課程。

❷製作講義、影片等教材

將插圖、圖片作成ＰＤＦ檔，加上影片教材，這些教材都準備妥當。也幾種提供教材的方式，舉例而言，將ＰＤＦ檔放在網路講座網頁，以供學員下載，影片則可上傳至Youtube等網站，以限定公開的方式，提供參加講座的學員觀賞。

❸幫學員在網路建立支援網頁

建立定期更新資訊的支援網頁，並在SNS建立一個提供會員交流及回答相關問題的園地。

❹進行集客、販售

設立網路商店、部落格等銷售點，進行集客販售。

與學員溝通交流

雜貨工作私塾亦在線上舉辦講座，開始要購入所需的教材，並在專用的網頁，視情況更新教材。現在能藉由Facebook的祕密社團功能，與學員進行溝通交流。
每個講座的狀況各有不同，但據線上講座業者表示，他們會限制單月郵件往來數量，並會建立講座專用SNS提供學員的交流之用。

學費的設定與支付方式

許多線上課程的學費，相較於面對面上課的方式，只稍微便宜了一點。我想，教學計畫依照行進內容、製作物件各有不同，因此最好能與設立自宅教室一樣，先針對其他線上講座的行情進行調查。
如果你自己已有網路商店，可讓學員在網路自由選擇學費支付方式，就像買東西一樣，會比較方便。

Memo 善用新增的影片網站

以影片進行線上教學的方式，近來已蔚為趨勢。讓人將自製的影片，放在網路上銷售的服務，也愈來愈多。以下介紹幾個比較好上手的網站（日文）。

・NECFRU
URL　http://necfru.jp/
・BEDEROGU SEMIO
URL　http://semio.jp/

case study 29

出於對天然手作玩具的喜愛而製作！

山添 智惠子小姐

手作小孩家家酒的毛氈雜貨。每個系列依購物、外出……先決定主題便進行設計。山添也將自己酷愛的懷舊而天然的氛圍，融入了作品當中，以緩慢的步調行製作。

山添智惠子將羊毛氈手作玩具的紙型與作法，上傳到拍賣網站進行銷售。因為想要一邊帶小孩一邊工作，因而從事教授雜貨作法的工作。

Creator's Data

：Brand Neme

antenna antique

：URL

http://www.antenna-antique.com/

：Concept

融入古董及自然風格的羊毛氈家家酒雜貨＆布繪本，當成室內裝飾用品也很棒！

：Item&Price

●羊毛氈布繪本套組，內含紙型、作法說明　1,000至5,000日圓（依拍賣平台的得標金額）

●羊毛氈布繪本套組，內含紙型、作法說明　1,000至5,000日圓（依拍賣平台得標金額）

：Activity

●在拍賣平台進行銷售

●活動參展

：營業目標

不公開

活動的歷程

起於拍賣網站
開始雜貨的工作

山添曾任WEB＆DTP的設計師的職務，也會參與手作工作。在孩子出生之後，因為找不到喜歡的自然風毛氈玩具，一時興起便始著手製作家家酒毛氈作品。她在手作方面的資歷尚淺，在入行之初，對銷售成品沒有信心，但她將設計師經驗，發揮在親手編寫的作法上，在拍賣網站相當搶手，且有集結出版的計劃。

POINT 1
容易懂的
插圖解說

紙型搭配套組的作方解說，除了有文字的敘述之外，依序附上插圖讓製作者易於理解。

POINT 2
在活動當中
製作＆銷售
手作套組

活動時也會銷售孩子的紙藝套組。亦自製商店名片與發送紙品小物等贈品。

成功的祕訣

輕鬆就能備齊的工具與材料＆
初學者也能完成的簡易作法

從事紙型與作法銷售的優點，在於準備時間與成本方面，較成品而言來得低。以手邊的材料及工具就能製作，初學者也能原樣重現，都是很重要的部分。因此，要以大量插圖，及初學者也能理解的語言，來進行作法解說。因為可供紙型銷售的相關活動並不很多，的確有需要以部落格或SNS進行宣傳。

在山添的網頁當中，除了介紹由工作至今的作品之外，也附有免費的玩具作法。

case study 30

由於入行初始摸索經驗，萌生建立通信講座的想法。

立見 香小姐

顏色繽紛而復古的動物吉祥物，像是日本昭和時代的玩具。每當作品刊載於羊毛氈雜誌，可愛的模樣總是增加不少粉絲。孩子圓圓的臉頰真的超可愛，能從以孩子臉頰為原型的吉祥物當中，感受到身為一位母親給孩子滿滿的愛。

自孩子出生之後，立見香便開始縫製吉祥物。作品皆有著像孩子般的圓嘟嘟的嘴巴。由於製作初始對作法不甚了解，便萌生設立通信講座的想法。

Creator's Data

：Brand Neme

JEWEL CANDY

：URL

http://www.ameblo.jp/jewel-candy2115/

：Concept

這些可愛的羊毛氈吉祥物，投注了想好好珍惜兒提時的心境。

：Item&Price

●5個月間35,000日圓（而後每月3.500日圓）（DVD）
※下載版32,000日圓起

：Activity

●網路商店銷售作品
●提供雜誌作品・作法說明

：營業目標

15萬日圓（單月）

活動的歷程

初因拍賣平台
才促成了雜貨的工作

立見香首度參與雜貨工作，始於拍賣網站。將羊毛氈吉祥物作好之後，便進行銷售。作品因參加地區藝術市集及委售等活動，而被刊載在人氣雜誌。還有，在部落格一旦發布了作法，讓苦於附近無學習場所的人都感到雀躍。並於2013年春天開始啟動通信講座。

POINT 1

馬上就能作！
明星套組

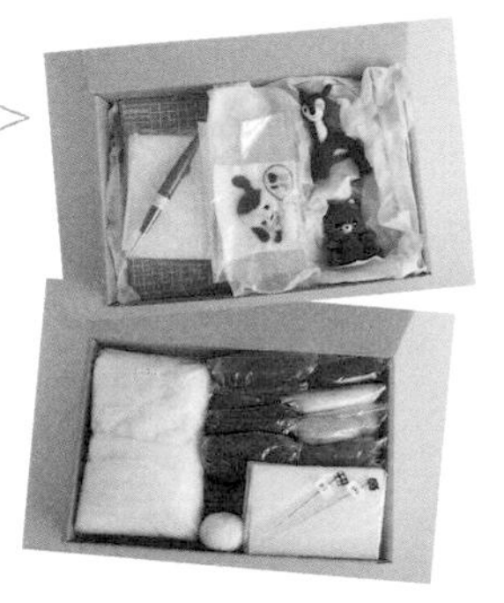

通信講座「MOCOMEME SCHOOL」之明星套組。套組當中有十色的羊毛氈、戳針、墊子等必備組件，並附有硬度等同實際吉祥物的底座樣本。

POINT 2

以影片
進行教學，
獲譽為簡單易懂

將教材與影片裡面比較雜解的製作技巧，錄製成影片DVD進行說明。以觀看影片的方式，透過五個月的課程，學習到七個圖形的技術。

成功的祕訣

邊看影片邊進行學習
並提供雜貨作家初試身手的舞台

通信講座名為「羊毛氈吉祥物作家培訓講座」，別名是MOCOMEME SCHOOL。

以每月都會收到的DVD進行學習，若有相關問題，可至Facebook群組進行提問。受理郵寄換貨。講座的特點為提供相關支援，直至銷售作品為止。最後若有需要，也可在立見經營的網路商店試賣。不僅可以學習手作，也提供雜貨作家入行的舞台。

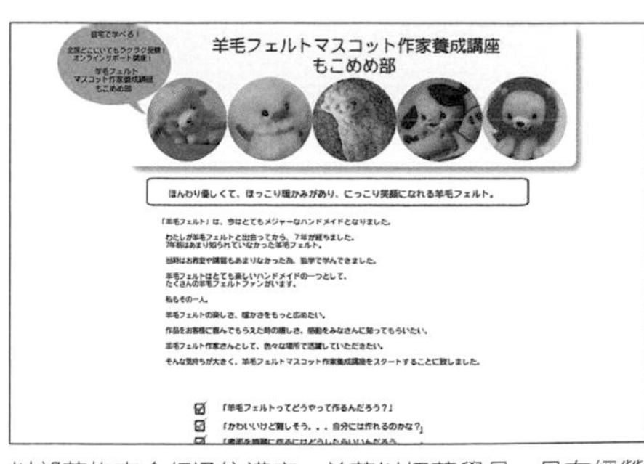

以部落格來介紹通信講座，並藉以招募學員。另有經營一家名為MOKOMEME STORE的網路商店，協助學生銷售作品。

以授課為業的傑出手作家

向幾位以教作雜貨為業的作家
請教教學需留心之處。

case study 31

不用針也不用線就能享受的
法式布盒教室

ミチロル小姐

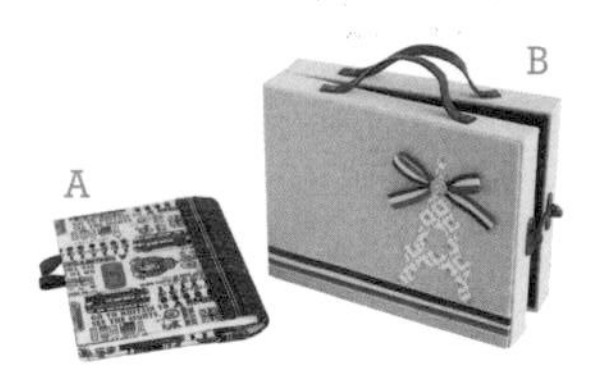

A書衣　A6尺寸。B箱子　一堂課3,000日圓起（收費依照課程內容而異）。

What's Point?

「初學者也能輕鬆學習。在説明難以表達時，會盡量提出建議。」

Creator's Data

：Brand Name

Pamprenet via anne coquet

：URL

http://ameblo.jp/annecoquet-carton/

：Concept

以手作開心過生活

：Lesson

附套組　1回3,000日圓起（收費依照課程內容而異）

：銷售目標

5至10萬日圓（單月）

case study 32

讓整理成為一種樂趣！
紙藤編織籃教室

越野千夏子小姐

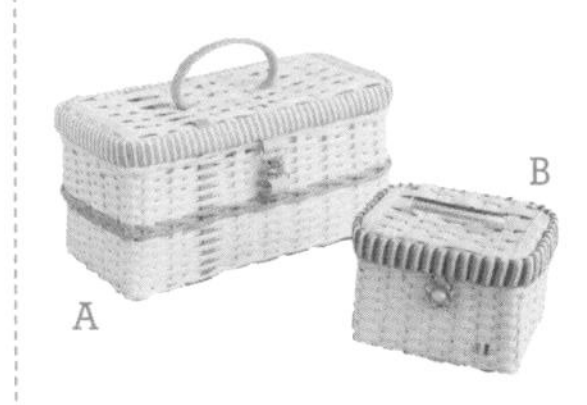

A有蓋子的籃子
B有蓋子的籃子（小包面紙用）

What's Point?

「以易懂的措辭及笑臉教學。將學員回饋給我的心情，銘記於心。」

Creator's Data

：Brand Name

讓整理成為一種樂趣
CHIKA的收納籃

：URL

http://ouchikago.web.fc2.com/

：Concept

輕鬆就能作，讓生活更方便！

：Lesson

・研討會　1次　3,000日圓（材料費另計）
・文化中心　每月1次　學費2,100日圓（材料費另計）

：銷售目標

15萬日圓（一個月內）

case study 33

以樹脂包覆歐文書體
的繽紛的飾品教室

イマイリヱ小姐

A歐文書體字母項鍊　B歐文書體文字

What's Point?

「為了向第一次造訪的學員，傳遞手作的樂趣，以簡單易懂的語彙解説。」

Creator's Data

：Brand Name

R calli.works

：URL

http://www.r-calliworks.com/

：Concept

舊書斐頁般的五彩繽紛飾品

：Lesson

・歐文書體（咖啡店1day課程：附早午餐4,000日圓、定期教室：每月2堂4,410日圓，教材費另計）

：銷售目標

非公開

case study 34

甜點主題飾品
及婚禮商品之製作

ふるやゆみ小姐

甜點主題項鍊

What's Point?

「重視每個人不同的個性。雖然學員眾多，但必定關照到每一個人，並加以細心指導。」

Creator's Data

：Brand Name

MooixMooi

：URL

http://www.mooixmooi.com

：Concept

浪漫的甜點主題，成人限定。

：Lesson

・體驗課程　1次2,500日圓（含材料費）
・裝飾甜點　初級講座　1次3,500日圓（含材料費）×12堂

：銷售目標

無

Part 3

拓展手作活動領域

以下介紹手作雜貨銷售與教學之外的部分。為銷售成品或建立新關係後，銜接至下個工作機會的案例。終極目標在哪裡，也要仔細思考喔！

Type

A

活動主辦

許多人結識許多手作同好之後，開始想找尋適合的場地，來發表銷售自己的作品。他們會共同借用場地、規劃舉辦顧各種的活動，其規模從為期一天的活動（one day），到商店街及為了活化城市而舉行的大型的手作市集。

但近年來到處都在舉辦手作活動，一個活動是否受歡迎，與集客力有很大的關係。在掌握了活動目的之後，再針對其目的舉辦活動，將對自己理念有共鳴的顧客，通通都吸引過來吧！

活動主辦的幾點建議！

手作家舉辦活動最大的優點，在於能作到無法獨立完成的宣傳事宜，及隨之而來可預見的客源。主辦活動，不僅能接觸到新的客源，而且能與其他作家取得橫向聯繫，源源不絕的資訊也會滾滾而來。並在一再重複的過程裡獲取經驗，讓行政或當地居民之間的聯繫，變得成加緊密，藉著確實體會到對社會的貢獻當中，能找到更大的價值。

活動主辦的注意事項

一個成功的活動，端賴主辦者和與會者一起齊心完成。單方面發布訊息尚不足讓參展及到場者充分理解，因此，要經常以郵件及SNS，傳遞主辦單位的想法，藉此取得雙向溝通，才能發揮其效果。支援力非常重要的，其重要性等同取得參加者之溝通。參加人數愈來愈多，文書處理能力成為必備的技能。有擅長PC操作及文書處理之成員為佳。

主辦活動的流程

試從主辦者立場，將活動開始之前的流程彙整如下。

Type A

❶就活動的目的與主旨進行考量

如果身邊有夥伴，請先瞭解朋友與目的與主旨，並就責任加以分擔吧！

❷確定日程

從設定目標著手進行。若未確定日程，就無法確認會場，也就無從招募參展者。

❸確認會場

根據活動的規模，尋找適當地會場場地，並確認使用的可能性。

❹撰寫參展者規約

著手撰寫參展文宣給有意參加者，文宣內容要包含展出的規約。規章當中要詳載參展的費用，及當天金錢往來的部分。請盡量多蒐集一些規模與類型相近的活動規章進行比較，確認其中是否有不足或是不合理之處喔！

❺招募參展者

開始募集參展者。收到申請之後，要確認展出費收到無誤，並回答參展者相關的諮詢。

❻活動的宣傳

活動宣傳的部分，也要請參展者盡份心力。運用部落格、Twitter進行宣傳，或請他們在當地協助分送傳單。

❼活動開始！

在活動舉辦當天，參展者和到場者的支持都一樣重要。從時間、人，以至於物品的管理等，自活動開始到平安撤離場地之前，都要抱著主辦者的責任感，一步步地往前邁進喔！

Point 避免紛爭之對策

主辦單位為凝聚所有參展者，即便細如聯絡事項之書信往返，都必須當謹慎小心。為了詳知有否參展者未在期限內回覆，每次寄發郵件都要製作一份檢查表，確認全員皆已回覆完畢。會場當中諸如飲食、垃圾處理、會場內遺失、竊盜等部分的處理，都要特別留意。

身為活動企劃者，要預想各種可能發生的糾紛，預先制定相關規則及其處理方式，將之視為主辦者與參展者，於活動期間的共同承諾事項，在活動之前一起簽下承諾吧！

活動企劃・營運

是什麼因素左右成功與失敗者呢？以下將將彙整不容忽視的前置作業。

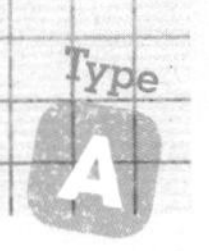

活動成敗
端賴事前的集客

衡量活動是否成功的標準，莫過於當日到場的人數。廣邀來客的事前宣傳，尤其攸關活動成敗。曾有過因來客不如預期，而致參展者向主辦單位索賠的先例。先將集客方式，明確地傳達給參展者，共同打造為集客而努力的體制，乃是成功之鑰。

盡早招募工作人員
確保營運順暢

營運的順暢度，也會左右活動的成敗。請盡早籌備營運工作人員事宜。參加人數一多，以個人之力要進行營運企劃，會非常辛苦。在開始籌備時，請不要將個人作業列入考慮，組織團隊分工合作比較適當。當參展者超過十位之後，最好能先行招募工作人員喔！

需要行動力和領導力！

活動主辦者要凝聚許多參展者及與會者，要付出的精力與責任之重大，遠超過想像。不僅要思慮周密，而且要有行動力。還要樂於與人相處，具備領導統御的能力，這些都是主辦者需要具備的特質。

集客點子範例

・製作並廣發文宣

請各參展者自行核對姓名等資訊無誤。

・將活動相關文章上傳至部落格

除了主辦單位需要發文之外，也要商請參展者在部落格勤加撰寫相關文章。可以先把範本與連結網址打好之後再予轉寄，以便參展者能直接貼文。此法讓寫文章變得更容易。

・製作關於參展者的影片，上傳至YouTube

近來使用智慧型手機，也能輕鬆錄影。針對參展者及其作品進行訪問，錄製成影片上傳至YouTube。該影片也請與Twitter或Facebook進行連動。

Point 區域密集的活動很受歡迎！

區域密集型活動深受商店街與居民喜愛，據說愈來愈風行了。動動腦筋，找一些住在當地的作家，舉辦一些時間不長、價格合理的體驗研討會，讓參加者好好地體驗一下吧！

金錢的流向與管理

關於活動的金錢流向，來瞭解一下一般的例子吧！

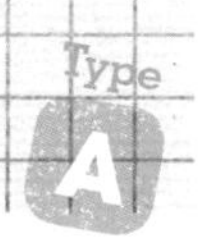

活動金錢流向？

活動經費一般流向請見右圖。主辦者會把會場的場地費（會場費用）、工作人員作業費，及視狀況加上的利潤，除以參展者人數，以參展費名義向與會者收取此活動的參加費用。此外，主辦者會以所收取的費用，支付會場所需之會場費及其他雜費。

若主辦者同為參展者，有時會以平攤會場費的方式，向每位參展者收取費用。

當天結帳的收銀檯方式有二，其一為各參展者自行準備，二為由主辦單位成立聯合收銀台。若由主辦單位成立聯合收銀台，貨款則要等活動結束之後，再由主辦單位支付給參展者。有些主辦單位會先扣除手續費之後，再交付款項。

活動主辦利潤從何而來？

參展費用一旦拉高，就無法吸引參展者加入，因此，當主辦者亦為參展者時，多半會以不蝕本為原則，讓經費加上參加費之後，再從參展者的銷售額中，抽取一定比例的利潤。

在進行活動企劃時，若考慮要從活動獲利，多半會收取內含利潤的參展費用，或從銷售額當中抽取一定成數，作為營運費用。

活動現金流的實例

活動之前的經費

參展者
↓ 參展費用（參加費）
主辦者
↓ 會場費
會場

參展費（參加費）=｛會場費＋其他經費｝÷參加人數

活動當天的經費

作家各自設置收銀台

當日到場者
↓ 作品的貨款
參展者

設置聯合收銀台

當日到場者
↓ 作品的貨款
聯合收銀台＜主辦者＞
↓ 銷售額（扣除手續費）
參展者

Point **參展費用太高，無法招攬參展者**

從展出費中牟利並不是件錯事。但活動若以「營造作品曝光的機會」為目的，尤當首次主辦活動，或無法預估參展者與來客數時，以盡量壓低參展費用的方式，來鼓勵更多參展者加入，倒不失為有效的方法。先好好考量活動目的，再來決定要收取多少展出費吧！

case study 35

經營跳蚤市場15年，亦舉辦商店、地區活動

大塚やすこ小姐

對於曾從事服飾工作，雙親也酷愛手作的大塚而言，手作已是日常生活的一部分。從開店到現在，她一有時間就會創作手作。

大塚やすこ經營的「田野小路」是一家結合手作雜貨、手作教室、咖啡廳的複合式商店。自十五年前跳蚤市場興起之時，開始以大型活動主辦者的身分工作。

Creator's Data

Brand Name

nono

URL

http://zakkacafenomichi.com/

Concept

緊貼生活的用品製作。

Activity

- 經營「zakkacafe野道」
- 於門市與活動販售作品
- 主辦「三鄉市KANDORII MARKET」
  參展者數／約30個展位
  參展費用／大約4,500日圓
  （因展臺而異）
  到場人數／大約400人
  （因年度各異）
- 主辦商店的活動「野市」

營業目標

不公開

活動的歷程

起於與媽媽有一起舉辦跳蚤市場

市集開始於15年前，跳蚤市場興起之時。幾位年紀相仿熱愛手作的媽媽們，試著一起舉辦了跳蚤市場，當日人山人海盛況空前。因為許多人希望能參加市集，因此會場從車庫移至附近的文化中心，招募才一開始，三十個展位便瞬間爆滿，展現出超高人氣。活動至今已經舉辦超過了二十次，聽說無論參展者或顧客，參加市集就像參加同學會一樣，玩得非常開心。

POINT 1

主辦者應掌握整體流程，將之傳遞給全體參與者。

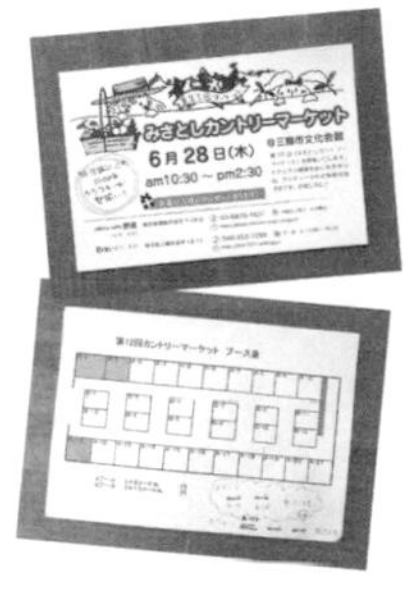

在聚滿參展者與到場者的活動裡，主辦者如何在掌握全局之後，完整而流暢地將應轉達事項，傳達給參加者知悉，是其重點。會場若是租借而來，就要將會場應遵守之禁止事項等加以彙整，公告全體人員周知（左上）。分配展位（左下）也是主辦者的工作項目之一。

成功的祕訣

與大家共同商議以團隊方式進行

大塚之所以成立市集，一開始是媽媽們之間的活動，她以前會員之一的身分，擔任主辦的工作。一起討論營運的方式，並依照個人擅長的項目分配如收銀、裝袋等當日各項工作。主辦者則專注於控制會場、分配展臺、確認參展費用匯款等事宜。在宣傳的部分，文宣製作完成後，由各參展者各自發送傳單，齊心為集客而努力。

從柴又・帝釈天步行三分鐘。大塚經營的雜貨咖啡店・手作教室「野道」。

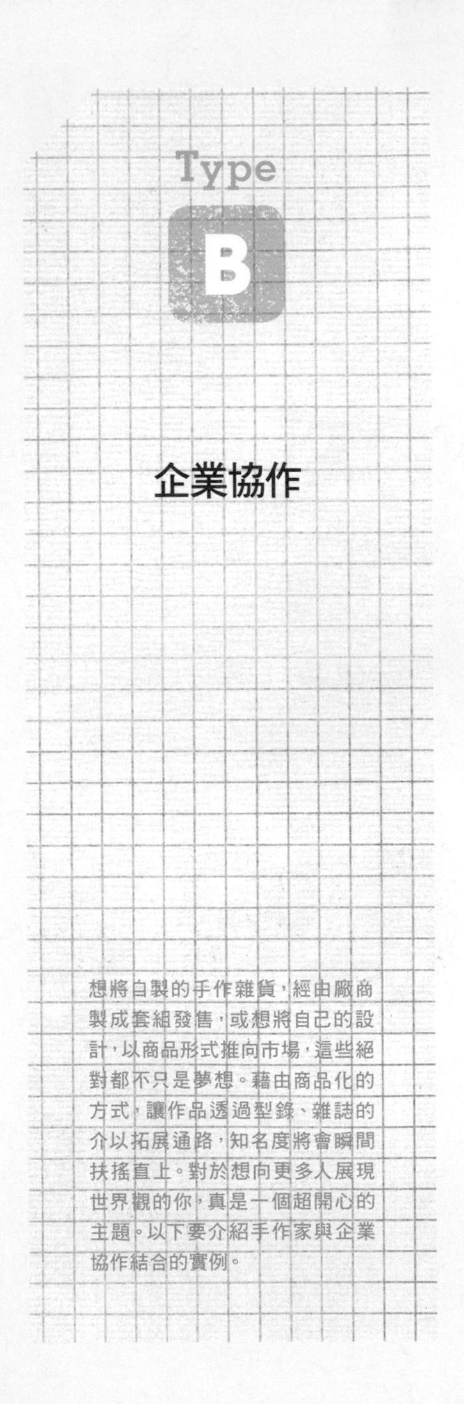

Type

B

企業協作

想將自製的手作雜貨，經由廠商製成套組發售，或想將自己的設計，以商品形式推向市場，這些絕對都不只是夢想。藉由商品化的方式，讓作品透過型錄、雜誌的介以拓展通路，知名度將會瞬間扶搖直上。對於想向更多人展現世界觀的你，真是一個超開心的主題。以下要介紹手作家與企業協作結合的實例。

企業協作的幾點建議！

經由廠商進行商品化的優點，能瞬間提高自身作品的知名度。若能進軍全國性的通路，將會為你贏得得更多的關注。作品雖非親自逐件手製，但是藉著創意或設計的提供，作品將更形專業，亦為讓商品更為完美的契機。

企業協作的注意事項

廠商需進行大量製造並行銷售，若非出自高知名度、具未來性的原創作家作品，進行商品化的契機微乎其微。是的，這是一道窄門！即使作品極盡精密完美，若無法應付量化 ，要進行商品化也非常困難。作品推出時，在顏色素材或作法等，極可能完全不同於手作品時期。銷售好東西、博得顧客歡心，也要提高銷售額！為了達到與廠商相同的目的，有許多環節都需要你的讓步喔！一定要有身為高度專業夥伴的自覺。

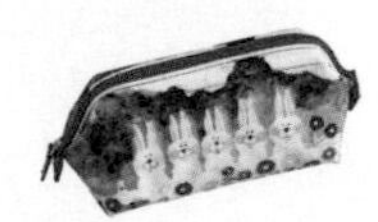

關於企業協作

當你想與企業共事時，請先思考一下，個人作家要鑽此窄門所能努力的部分。

積極地發送訊息

一般而言，商品化多經由活動或個展、部落格等資訊傳播而得以成事。作品之所以能透過廠商加以商品化，呈現華麗而多樣的姿態，多半來自作者每日工作不倦、勤於發布資訊。

我們也經常聽到，有人因參加廠商招募設計或企劃競賽等活動，而成功跨足商品化。例如P.106的くちばし さくぞう小姐就是參與心儀廠商刊登於網頁的募集設計活動，因此步上了商品化之路。諸如此類的比賽多半不會立即得到回覆，可以在比賽過幾天以e-mail進行確認，藉此展現積極的態度。

為了捉住每一個機會

如果有合意的廠商，平常就要多方蒐集相關資訊，以便機會來臨時能立即行動，這是相當重要的。

雖然有不少商品化的比賽，但不是所有作品都適合參賽，迎合廠商的品味及其用途，都是相當重要的部分。有空的時候，不妨停下來想一想：自己作品的風格，適合哪一類的商品。

與企業協作的契機

- **對方邀請**
- **參加公開招募或競賽**

經過採訪後我們了解，與企業共事的契機，大致上分為兩個部分。以企業協作為目標的人，還在苦無應徵的機會嗎？那就一邊蒐集相關資訊，一邊設法贏得企業的注目吧！除了累積實績之外，別無他法。在大型活動表現顯眼的展位、具有實績之文化學校人氣講座、手作社群市集的熱賣作品，都很容易吸引到企業的目光，多加曝光作家的魅力吧！

Point 這是一份無法獨力完成的工作！

企業協作與個人工作最不一樣之處，在於其條件已有設限。製作方面也有既定規格，時間方面也有其限制。據聞有人因此感到莫大壓力，而無法製作作品。就算自己對作品滿意非常，若廠商沒有點頭，還得一改再改。這是一個不能獨力完成的工作，其自由度也遠比不上個人工作時期。

case study 36

作品具高原創性世界觀，進而商品化！

川角章子小姐

創作小鳥、驢子、大野狼、兔子……在繪本出現的動物布作。讓人過目難忘的個性化設計，引起深受女性喜愛的網購公司フェリシモ的注意，於是進階商品化。

人氣品牌kabott所製作的包包與雜貨，展現繽紛可愛的童話世界。藉著商品化，將設計師川角章子創造出來的世界發揚光大。

Creator's Data

: Brand Name

kabott

: URL

http://www.kabott.com

: Concept

像是童話世界景象的包包與雜貨，專為夢幻的女性而作。

: Item

- 包包、布小物

: Price

- 包包　5,000至30,000日圓
- 布小物　3,000至5,000日圓

: Activity

- 於網路商店進行銷售
- 於活動、個展進行銷售
- 提供雜誌作品與作法說明

: 銷售目標

無

活動的歷程

因網頁刊登作品及委託銷售 實現了與網購公司合作的夢想

深受女性喜愛的網購公司——通信販賣會社．千趣會及フェリシモ委託川角小姐設計聯名商品，並且進行商品化。這一個合作機會，來自網頁刊登的作品，及委售雜貨店老闆的推薦。量產計畫是手作無法勝任的項目及技術，有極大的挑戰。因推出的作品價格合理，因此增加了不少新粉絲。

工作的入口網頁。在網路商店裡，盡皆編織童話般的包包雜貨，許多老主顧都滿心期待新作的發表。

成功的祕訣

提出大量設計！ 善盡夥伴職責

川角表示：「進行商品化之際，因為預算的緣故，在顏色或材料方面皆會有所限制，製作方式也不同於手作，因此有時必須有所妥協。經事前確認後，也必須提出設計替代方案，以求盡善盡美。因此，有時候商品化的項目，會比當初預定更多。即使有時彼此意見相左，要有完成被賦予之任務的體認，進行協商。」廠商畢竟還是委託主。須因應廠商的要求，作出能贏得顧客歡心的商品，讓雙方相互蒙利也是工作之一。

Pick Up Items

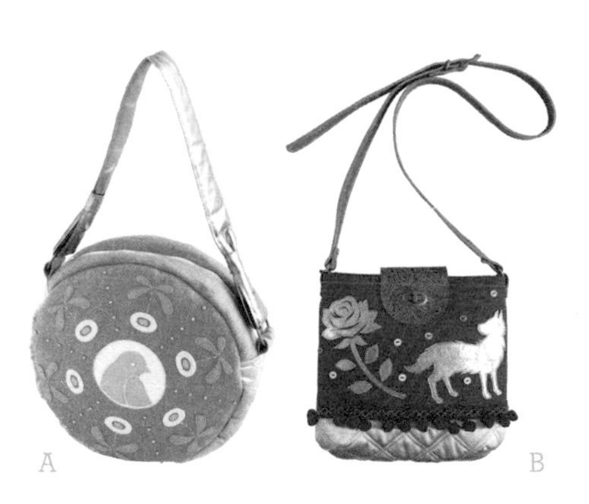

與數家廠商企業攜手合作，以作家的身分所產出之作品，得到極高的評價。A 刊載於雜誌《MOE》（白泉社）的作品「雛菊」。B 以野狼回首處大朵薔薇為主題的作品「薔薇的名字」。

case study 37

報名網路公開招募設計獲選，進而商品化！

くちばし さくぞう小姐

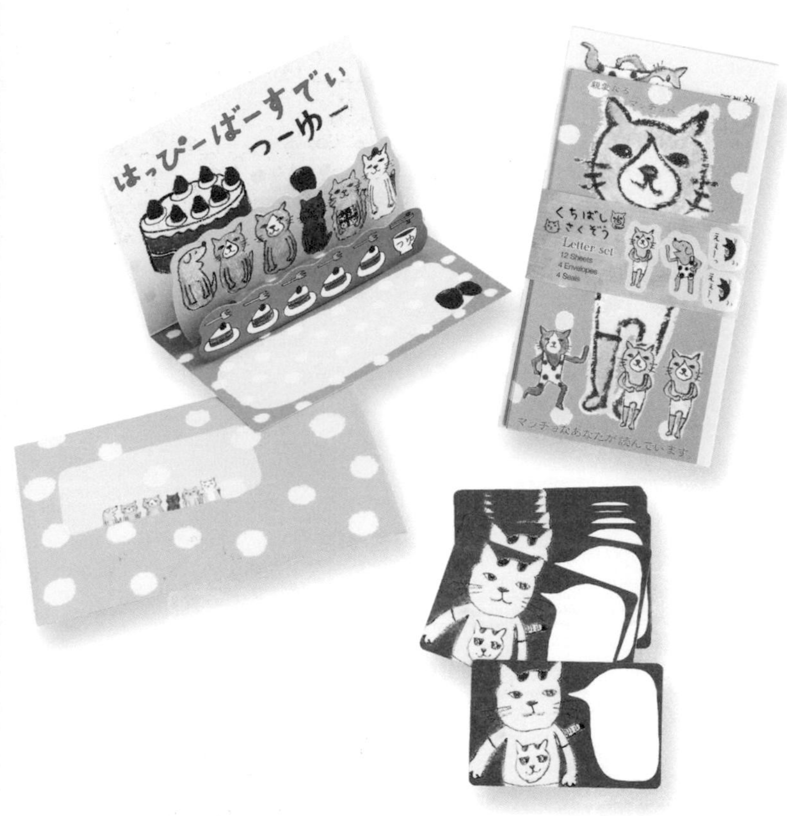

各種擬人化的動物。見者莫不「撲嗤！」一笑。文具廠商（株）オリエンタルベリー深覺其幽默滑稽的動物姿勢表情，及自由奔放的想像力，極具感染力，而決定予以商品化。

くちばし小姐原想成為一位音樂人，曾在現場音樂活動當中，發送自製的明信片。在受歡迎的事物當中感受發現價值，並持續創作不懈，成了一位成功的插畫家。

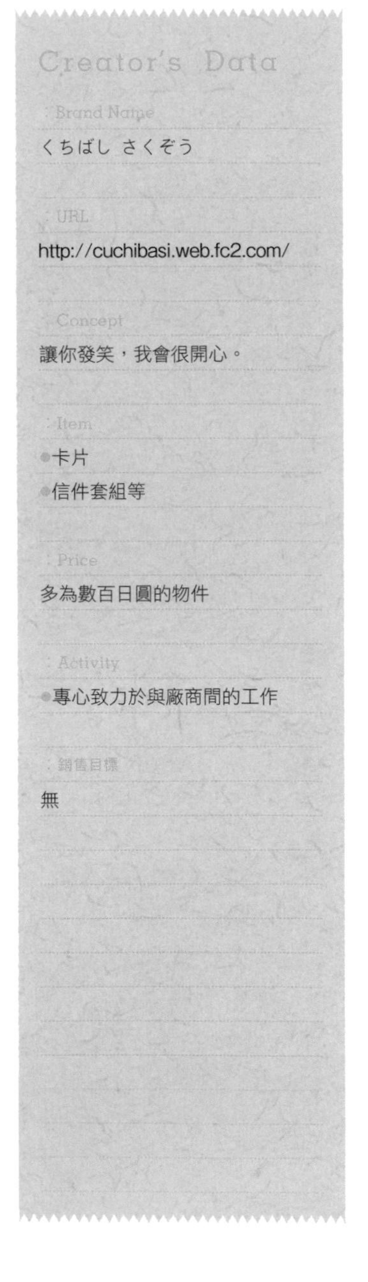

Creator's Data

: Brand Name

くちばし さくぞう

: URL

http://cuchibasi.web.fc2.com/

: Concept

讓你發笑，我會很開心。

: Item

- 卡片
- 信件套組等

: Price

多為數百日圓的物件

: Activity

- 專心致力於與廠商間的工作

: 銷售目標

無

活動的歷程

朋友感覺有趣，自己也覺得開心
於是將插畫為本業

くちばし將為音樂活動傳單繪製的插畫，投稿至四格漫畫部落格。得到許多「真是太有趣了！」的回響，在開心之餘，遂以插畫家為目標。摸索自己的作品風格之際，偶然從網路得知，文具商正在募集設計者，於是前去應徵。不久後，接到廠商的通知，便一邊持續交流互動，一邊推出卡片與信件套組等商品化作品。

くちばし說：「這樣的插畫，可以為大家帶來好心情嗎？」這位幽默的設計者，就像作品已全被商品化了一樣。上圖是自行試印的明信片。

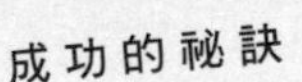

成功的秘訣

調查廠商喜歡的顏色，
融入作品倍增魅力！

くちばし在應徵設計師時，採取了一項行動——調查廠商品味。將廠商的理念與品味，融入自己的作品當中，改變之前未曾接觸過的部分，前去應徵。入選作品，恰為廠商需要的顏色。廠商提高作品的世界觀，以期連結銷售，總是以真摯的心情，面對有關商品化的建議。

くちばし常常一邊畫著插畫，一邊放空，她說：「發呆非常重要！」這是之前提供廠商參考用的素描簿。也會將自製的手繪信紙，作為應徵時的附件資料。

拓展領域！活躍於手作雜貨界的傑出作家

以下介紹幾位與廠商合作愉快的作家們。
向他們請教了商品化的原因
及與廠商共事需留意之處。

case study 38

以布偶的元素
來製作胸針與包包

原　優子小姐

閱讀<原優子的有機系列>的熊先生
廠商名：ハマナカ（股）

How it Started?

「因擁有先前在布偶工廠工作的人脈，及書籍出版而受邀。」

Creator's Data

：Brand Name
原 優子
：URL
http://www.ac.auone-net.jp/~yukohara/
：Concept
表情豐富，充滿故事感的玩偶。
：Activity
・於個展進行展示銷售
・玩偶的打版公作
・雜誌的封面或日曆等，廣告相關的工作
：營業目標
無

case study 39

將動物玩偶
變身成喇叭

入江優子小姐

IRIIRI設計
KUCHI-PAKU動物喇叭「Rabbit」
廠商名：（股）イデアインターナショナル

How it Started?

「因參加巴黎展覽會KAWAII ZAKKA的展出。製造商留意到了雜誌的文章，於是產品上市了！」

Creator's Data

：Brand Name
IRIIRI
：URL
http://blog.livedoor.jp/iriiri_doll
：Concept
用料與材質皆很講究的擬人化的動物及人偶，以人的形式呈現出來。
：Activity
・於個展、活動展出
・電視CM、商店裝飾用的展出玩偶、訂製企劃、製作、etc.
：銷售目標
非公開

case study 40

與廠商合作
開始了雜貨製作

A-CO小姐

Wooly印章套組
廠商名：（有）こどものかお

How it Started?

「活動現場展示時，經廠商前來詢問。」

Creator's Data

：Brand Name
A-CO
（單元名稱：HAD DESIGN）
：URL
http://www.snip-art.com
：Concept
展現讓觀賞者心情舒暢的世界觀。
：Activity
・廣告、裝禎插圖
・以小孩喜歡的造型、音樂舉辦活動
・研討會
・書籍出版・商品企劃
：營業目標
無

case study 41

帶來微微暖意的插圖
進行文具與雜貨等商品化

今井 杏小姐

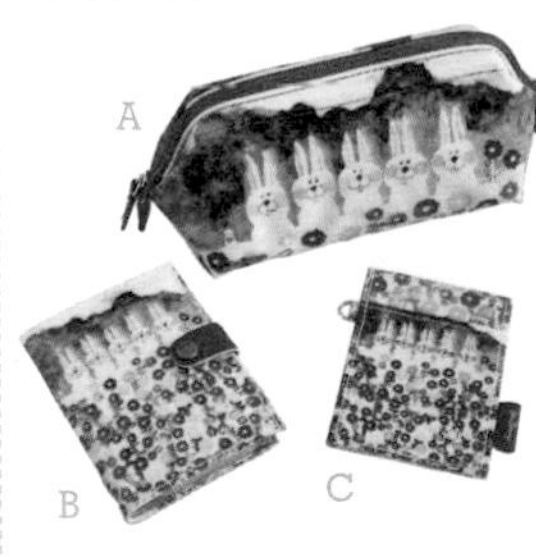

A化妝包　B名片夾　C護照夾
廠商名：（株）オリエンタルベリー

How it Started?

「接到個展與活動的邀請。」

Creator's Data

：Brand Name
今井杏
：URL
http://www.anneimai.jp/
：Concept
以自己的感覺捕捉並呈現人與動物的活動，大多繪製一些有趣的生物。
：Activity
・雜貨店委託銷售
・網路商店銷售
：銷售目標
無

如何成為
被廠商網羅的
手作家？

一起來聽聽廠商對於雜貨作家的期望！

能跟具有創作力的雜貨作家合作，對廠商而言是相當有吸引力的嘗試。另一方面，廠商挑選作家的方式為企業重要的機密之一，以下特地以匿名方式採訪幾位廠商，將他們對雜貨作家的期望歸納如下：

——對廠商而言，雜貨作家哪些部分最具魅力？

廠商　許多的雜貨廠商，在公司裡已有許多編制內的設計師，但他們還是非常期待，能從自由構思的手作雜貨中，找到一些自己所缺乏的創意新作。雜貨作家大多每天都會進行創作，有些人也會實際參與活動或委售來銷售作品。實際經驗愈豐富的作家，愈能比廠商清楚現今的流行走向，及當前的商品趨勢。

進行商品化時，廠商期望藉著得知在什麼場所，把商品賣給哪些顧客等相關資訊，達成精準的商品開發工作。

——我想與這個人一起工作！您認為這樣的雜貨作家，有著什麼樣的特質呢？

廠商　對廠商而言，一位能積極提案的雜貨作家，是相當難得的。提案量大、提供的創意多、對作品有企圖心者，其魅力遠勝於待在原處不動的人。反之，未能積極提案、無共識、沒能遵守約定者，無法與之長久合作。人品遠重於作品，我想，享受身為社會一員，有自覺、負責的人、凡事都能向前看、樂於讓人開心的人，是最有魅力的合作對象。

——廠商會在哪些地方，找尋可以商品化的作品呢？

廠商　有時會以公開徵求設計的方式進行，但多半在手作大型活動獵才。活動中不僅會仔細觀察各項作品，對於在活動裡有出色表現，可將其世界觀融入展臺者，我們也很重視。此外，我們也會到手作部落格或社群市集找人才。此時所關注的部分不只是雜貨本身，漂亮的圖片到作品的呈現方式，我們都將視為是作品的一部分。對於優秀作家來說，讓呈現的方式，更進一步朝品牌化前進，是很重要的。

——請問有關商品化的收入？

廠商　有些是以版權費的名義，按照商品化品項進價之百分比支付，也些則是總括以作品設計費名義等方式支付，支付方式依照廠商及企劃內容各有不同。

Point　與廠商共事的五要件

1. 活動或展示會的展位布置，可呈現世界觀？
2. 經常在部落格或SNS發布新品訊息。
3. 於暢銷品及顧客需求方面，秉持相當的敏感度。
4. 提高溝通的能力。
5. 培養積極挑戰新想法的習慣。

擔任廠商製作新品時的諮詢工作、講師的課程編寫、與廠商協作……

大杉芙未的美編剪貼相簿作品世界觀，極富個人的魅力。在廠商的直營店，亦銷售其作品。

ADVICE

持續發布資訊

- 經常發布作品的資訊。
- 活動要有一貫性，作品風格要具有原創性。
- 使用SNS發布訊息，並藉著參加個展、聯展及活動，爭取更多的曝光機會。

以上為成功廠商協作作家之共通點。與廠商共事，需要一定程度的等待。讓自身活動，藉著不斷的努力更廣為人知，就此打開一條康莊的大道。

所謂與企業一起工作，不單只是將作品商品化而已。以下列舉幾個實例作介紹。

○協助企業新商品開發

P.126 津久井智子為橡皮擦印章作家，目前正在協助冠名新商品開發工作。此工作起於津久井其壓倒性之品牌力。如果在專門的類型當中，也能擁有出脫的識別度，將成為作家與廠商之間合作新商品開發的契機。不單是設計力，舉凡包裝與顏色的挑選等，作家本身的品味，也能成為諮詢工作的契機。

○協助企業促銷・廣告

有許多作家，會將作品提供給企業作為廣告之用，就像 P.111 的大杉芙未，及 P.78 所介紹之法式布盒教室的井上ひとみ一樣，她以北歐進口布料所作之作品，與進口公司之形象相當吻合，於是應邀至百貨與活動會場舉辦研討會，肩負起促銷布料的重責大任。

○與漫畫及雜誌合作商品製作

P.104 kabott川角章子曾受漫畫家及其編輯部委託，承作漫畫主題的包包。完工之後的包包，會被當成連載誌讀者的抽獎禮物。一份獨特的作品，不知道會在什麼時候，讓什麼樣的人，成為該作品的粉絲。不過，機會總是留給準備好的人。

case study 42

累積相當的成績之後與廠商簽約，從事講師及廣告協力等工作

大杉 芙未小姐

補翻譯

Creator's Data

: Brand Name

Springspoon

: URL

http://springspoon.typepad.jp/spsp/

: Concept

豐富多彩，兼具襤褸、迷人的超現實復古機械風等，相反元素的個性雜貨。

: Item

- 單日課程：單堂2至3小時3,000日圓起（依使用的材料更動）
- 文化中心（1期3個月）：2小時1堂2,100日圓（教材費另計）

: Activity

- 文化學校講師
- 刊載作品於雜誌與書籍
- HOBBY SHOW研習會講師

: 銷售目標

無

大杉芙未為了心愛的剪紙藝術，而努力取得美編剪貼相簿的講師認證資格。而後開設了自宅教室及地區文化學校，進行授課。獲得了各界的好評，進而應邀擔任大型手作活動講師。累積的實戰成績獲得信賴，獲得了與廠商簽約的機會。她使用縫紉機來縫製紙張的獨特手法，受到相當的矚目，除了在廠商舉辦的研討會定期課程擔任講師之外，同時也為雜誌撰寫廣告文案，工作領域持續擴張中。

POINT 1

撰寫作法解說也是工作的一部分

在已簽約之松芝車樂美縫紉機的雜誌廣告上，刊登著大杉所設計的雜貨作法。

POINT 2

在趣味作品集當中有著各式各樣的創意提案

紙張為基底，縫上蕾絲與緞帶作成的作品集。這是與廠商洽談時的提案資料。

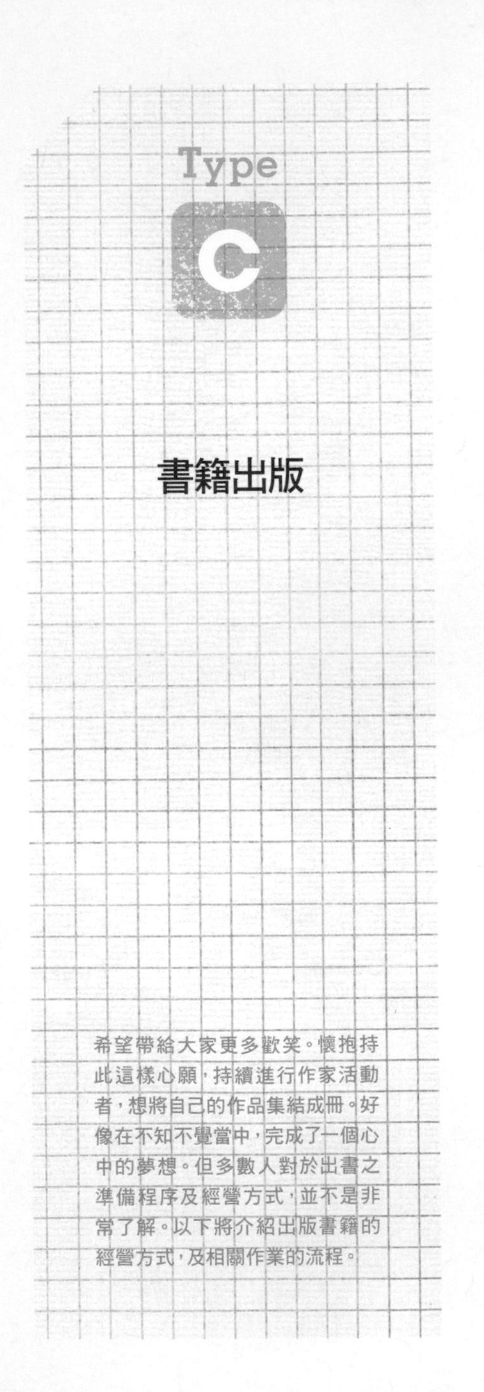

書籍出版的幾點建議

我在OL時代時，將書籍企劃案寄到出版社編輯部，因此實現了第一本書的出版計畫。出版最大的優點，是讓個人能在工作方面獲得社會的信賴。藉由出版，不僅能提昇自身信用度，也能讓自己的工作更廣為人知。累積了新的粉絲之後，想成立教室，粉絲們也會競相報名。書籍若能獲得社會肯定，第二、三本書的邀約或許就會接踵而至，工作領域也將逐漸拓展開來。

書籍出版的注意事項

書籍的內容若讓多數人提不起興趣，就無法讓人掏錢購買。正因如此，書籍主題有時取決於編輯專業眼光，而非自己真正想創作的方向。無論自己覺得主題有多棒、多容易作、誰都能作、材料有多容易取得，一般人看著書卻作不出來的東西，就很難賣得出去。因此，或許有些你自認為沒能充分發揮技巧的書籍，卻被認為適合初學者閱讀。

書籍出版的流程

想將作品出版成書，怎麼作才好呢？

❶將企劃書送到出版社進行提案

企劃書雖然沒有既定的格式，但是一份語焉不詳的企劃書，的確很難讓人留下深刻的印象。要讓人明瞭自己的作品，並針對特定目標客群提出書籍提案。企劃書當中務必附上個人的簡歷，讓對方知道你身為作家的魅力，及受歡迎的程度。

以電子郵件或郵寄的方式，向你屬意的出版社進行提案吧！送件之前，請先去電出版社，確認能否提交企劃案，並確認收件負責人較為穩妥。

❷等待企劃案通過

據調查送到編輯部的企劃書，實際出書的比例，大約在五十分之一或百分之一之間。在企劃案確定被採納之前，會經歷一段漫長的等待期。突然無疾而終，都是常態。如果該題目正當流行，也許較容易雀屏中選。

❸確定企劃案之後，與執行編輯進行研討

確定細部內容、出版計畫。

❹製作刊載作品，配合頁數撰寫文案

將要上傳的作品作好之後，接著要委託專業攝影師拍攝。部落格等所發表的圖片，有時也會委託攝影。針對製作所用的材料、製作方法等，也要撰寫相關文案。

❺版面的確認

備齊照片與文案，設計階段進行確認。

❻出版！

於書店或網路進行銷售！

Point 運用部落格的排名，吸引出版社的注意！

P.118 Makiko是一位已有著作問世的羊毛氈作家。不同於同型作家的獨特品味，及原有的粉絲族群，都成了出版時的助力。部落格曾名列第一的佳績，也提高了出版社對她的評價。

Memo 出書的酬勞

雖然不能一概而論，有直接以作品製作費的名義支付者，或支付書籍主體價格的5%至10%左右的版稅等方式。

case study 43

以領域的第一把交椅之姿定期出書！

古木明美小姐

以適合環保手作初學者的書籍為主，一共出了六本書，講授的內容，從洋溢時尚感的籃子，到室內日常用品的收納籃，作品陣容相當堅強。含監修、合著，已有十四本作品問世。

Creator's Data

：Brand Name

Pururu-koubou

：URL

http://park14.wakwak.com/~p-k/

：Concept

簡單可愛。增添生活色彩的籃子、讓收納充滿樂趣大小適中的收納盒、帶著出門超讓人雀躍的環保手作（紙藤）、以布與皮革等作成的籃子雜貨與包包。

：Item

- 以環保材（藤編籃）、布、皮革等天然材質製作而成的雜貨或包包

：Activity

- 環保手作的設計、作品製作
- 環保手作的監修、套組製作
- 研討會的講師

：營業目標

無

古木明美目前以Pururu-koubou為工作重心，這是一家紙藤環保手作教室。她以老少皆宜的環保手作的第一把交椅而聞名，以旅途及生活當中所湧現的靈感為藍本，發表新作從不間斷。每年出一本新書，讓翹首期待的粉絲們百看不膩，豐富的想像力，充滿了魅力。

Pick Up Items

A 圓形包（褐色），書籍封面也有刊載。
B 針線盒。皆為書籍刊載之作品。（非賣品）

B

A

活動的歷程

緣起於自己的首頁
已出版六本個人著作

2001是個人雜貨作家網頁崛起的一年。常有因刊載的作品引起版社關注，進而取得聯絡，或是因刊登在手作書的單件作品，促成了手作公募本的審查監修工作。第一本書《エコクラフトカフェへようこそ！》（河出書房新社）於2008年出版。因書籍出版，進而連結了電視演出及講師的工作，工作的舞台至此愈發寬廣。

古木持續探索環保手作的可能性，並樂此不疲。圖為用環保材質與布、棉所作成的小型針插。

聲音沉穩溫柔的古木明美位於神奈川及東京的環保手作教室，也廣受歡迎。

成功的祕訣

不拘泥於既有的經驗技術！
經常有新的提案，讀者也很期待

古木寫了許多環保手作製作的實用書籍。每一次的企劃，都帶給編輯不同的嶄新視野，詳盡的製作技巧解說，總是給讀者新奇的體驗。此外，雖因參加了電視NHK節目〈すてきにハンドメイド〉，讓媒體曝光度大增而更加忙碌，但對於促成出版工作的網頁亦持續更新。首頁處也設有網路商店，提供書籍販售。為讓造訪網頁的訪客們易於理解，在用語及設計方面，均力求簡明易懂，吸引了不少的新粉絲。

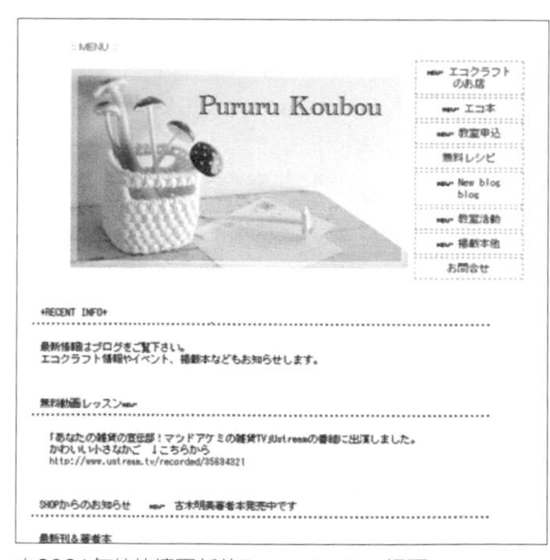

自2001年始持續更新的Pururu-koubou網頁。
除了刊載教室及出版索引之外，亦有刊登免費的作法解說的欄位。

集合了三個人三種風格第一本書是熱門的UV樹脂

a.k.b.小姐

三人合著的第一本書《UN/レジンだからできる大人ジュエルなアクセサリー》，於2012年推出。書中有三十九件散發不同風格的作品，及其作法之解說。

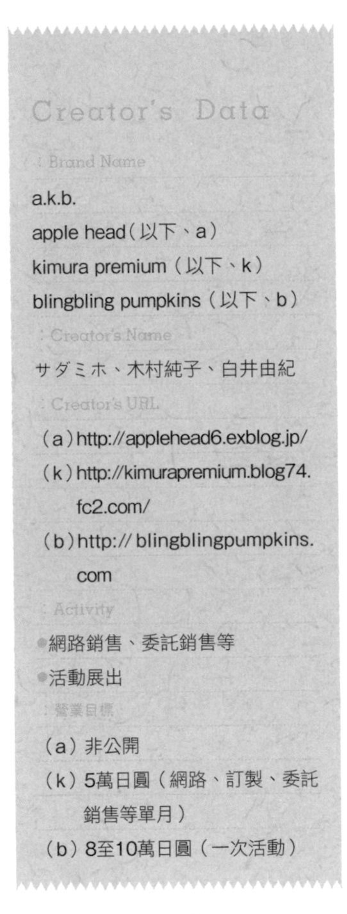

Creator's Data

Brand Name

a.k.b.
apple head（以下、a）
kimura premium（以下、k）
blingbling pumpkins（以下、b）

Creator's Name

サダミホ、木村純子、白井由紀

Creator's URL

（a）http://applehead6.exblog.jp/
（k）http://kimurapremium.blog74.fc2.com/
（b）http:// blingblingpumpkins.com

Activity

● 網路銷售、委託銷售等
● 活動展出

營業目標

（a）非公開
（k）5萬日圓（網路、訂製、委託銷售等單月）
（b）8至10萬日圓（一次活動）

由從事女孩甜美風格飾品製作的apple headサダミホ；從事樹酯仿真甜點的飾品及雜貨製作的KIMURA PREMIUM木村純子；與色調成熟的仿真甜點製作的blingbling pumpkins日井由紀，聯名創作。以三人品牌名稱縮寫a.k.b.為名，已有兩本作品問世。

Pick Up Items

A (a)泡泡天使戒指 B (a)TARA至RIHEDDO的項鍊 C (k)巧克力餅乾的姓名吊牌 D (k)鳥與花的吊飾 E F (b)花馬卡龍的吊飾與耳機塞。

活動的歷程

從個人活動到聯手出擊 緣起三人參展的活動

目前三人以a.k.b.聯名參加活動。原本三個人各自擁有活動的名稱，以雜貨作家之姿委託銷售或參加展出。三人認識於仿真甜點活動，結識之後發現彼此的志趣相投，於是以「a.k.b.」為名，一起參加了2012年的仿真甜點展。經熟識之作家參觀過該展位之後，認為作品富有變化並發表了評論，遂成為出版成書的契機。

成功的祕訣

正因寫書時以讀者為念！ 方才如此簡單易懂

「比想像中還要辛苦。」a.k.b.笑著說。雖然是因為活動展出之作品而被發掘出書，不過下筆時還是要以讀者為念。書籍主要是教授作法的工具書，而非一般的作品選集，因此在撰寫時，要針對內容、設計及作法進行詳細解說，用字遣詞方面，也要力求淺顯易懂。因UV樹脂主題，吻合當前的流行趨勢，相關著作也接連問世中。

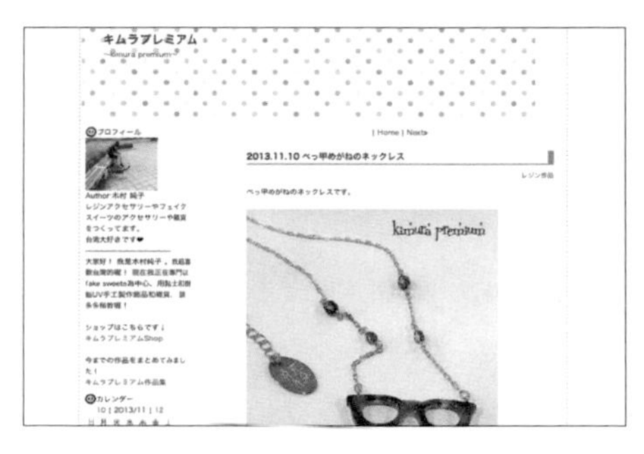

從上而下，分別為サダミホ（a）、木村（k）、白井（b）的網頁。從網頁的設計當中，可以看到三人各有獨特風格，卻也共擁努力的方向及維持成熟可愛的品味。

出版書籍的手作家們

case study 45

木芥子主題雜貨
製作銷售訣竅大公開

木芥子火柴製作所

《新版手づくり雑貨の売り方手帖》（マイナビ）／1,650日圓

How it Started?

「經出版社編輯看到我在雜誌上的文章，邀請擔任設計工作，是為出版契機。」

Creator's Data

：Brand Name
木芥子火柴製作所

：URL
http://www.kokeshi-m.com

：Creator's Name
平坂公美、山田晶子、西海真輔

：Concept
沒有也無妨，有會很開心，見到者莫不莞爾的可愛小物。

：Activity
・批發給零售店・批發商

：營業目標
無

case study 46

創作價格合理
的小物與創意

種市 加津子小姐

《主婦のミシン》（河出書房新社）／1,200日圓

How it Started?

「個人部落格的排名經常名列前茅，因此得到編輯的青睞。」

Creator's Data

：Brand Name
主婦的縫紉機

：URL
http://d.hatena.ne.jp/syuhunomisin/

：Concept
便宜、好玩、方便！

：Activity
・部落格更新（以關心、感動、共鳴、感謝為宗旨）
・為書籍、雜誌提供作品、作法
・電視演出

：營業目標
無（以無赤字為目標）

case study 47

圍兜與後背包等
可愛嬰兒商品的作法

にしだいくこ小姐

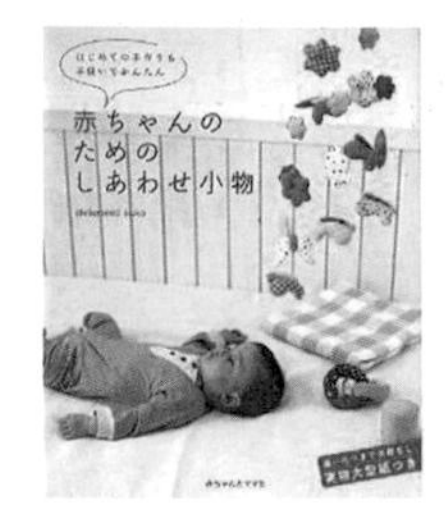

《赤ちゃんのためのしあわせ小物》（ちゃんとママ社）／1,300日圓

How it Started?

「訂製的嬰兒雜貨刊登於部落格之後，引起了編輯的注意，遂與我取得聯繫。」

Creator's Data

：Brand Name
Ateliersee dear.

：URL
http://atelierseed.shop-pro.jp/

：Concept
被可愛的嬰兒＆小孩雜貨環繞著，讓育兒愈來愈快樂！

：Activity
・在雜貨店的委託銷售
・在網路商店的銷售
・於實體商店的銷售

：營業目標
非公開

case study 48

以羊毛氈作的
貓熊吉祥物及雜貨書

Makiko小姐

《改訂版フェルトでつくる癒しパンダ》（BOUTIQUE-SHA）／686日圓

How it Started?

「因廠商負責人瀏覽到自己的部部落，再經由該位負責人引薦。」

Creator's Data

：Brand Name
Atelier Pecora
（アトリエペコラ）

：URL
http://a-pecora.com/

：Concept
送來療癒與幸福・愛的訊息的小小朋友。

：Activity
・作品製作、發表（部落格、Facebook）、銷售（活動、網路）
・擔任文化學校講師

：營業目標
無

case study 49

五顏六色的編織品
初學者也能輕鬆上手

小須田 逸子小姐

《直線編みでやさしいのにとってもお洒落な小物とウェア》(白夜書房)

How it Started?

「出版社的總編輯偶然在店中（トレマーガ）看到作品，對其表示興趣，為人行之契機。」

Creator's Data

: Brand Name

ITSUKO（小須田逸子）

: URL

http://tremaga.com/

: Concept

讓心裡喧騰起來、豐富多彩的編織小物。

: Activity

- 手作編織教室講師
- 套組製作
- 為手作書籍提供作品
- 經營トレマーガ，專營毛線與手作

: 營業目標

非公開

case study 50

從實體商店＆課程的人氣出發
邁向手作書、旅行書的出版！

添田有美小姐

《かわいいイタリア》（マイナビ）

How it Started?

「因手作課程受到好評，而誕生了手作書的企劃案。在洽談當中，衍生出了旅行書的企劃。」

Creator's Data

: Brand Name

Merceria Pulcina

: URL

http://merceria-pulcina.com/

: Concept

以義大利・歐洲為意象的手作精品店。其手作提案，連大人也覺得非常可愛。

: Activity

- 經營手作店
- 舉辦手作課程

: 營業目標

非公開

case study 51

初學者也能學會！
絨毛球印畫模板

さくらいあかね小姐

《スタンプチンクで簡 ！ステンシル×刺しゅうのアイデアノート》（マガジンランド）

How it Started?

「因部落格獲得Excite入口網站之報導，因此接到了出版社的邀約。」

Creator's Data

: Brand Name

無

: URL

http://akanesakurai.ciao.jp/

: Concept

印畫模板施以刺繡，呈現輕鬆柔和的風格。

: Activity

- 為手作雜誌與免費報紙，提供作品
- 舉辦適合親子共學的夏令營

: 營業目標

無

case study 52

捕捉流行企劃
結合書籍出版

谷 美和小姐

《2液性レジンとUVレジンで作るレジン・アクセサリー》（パッチワーク通信社）

How it Started?

「出版社看見自己在出租格子展出的作品，是為出版契機。」

Creator's Data

: Brand Name

Awai Mint

: URL

http://yaplog.jp/awaipink000/

: Concept

甜點裝飾＆樹脂飾品。

: Activity

- 活動展出、講師
- 協助書籍、雜誌書・免費報紙等作品製作、執筆

: 營業目標

2萬日圓（單月）

Type

D

空間設計
場景設計

有愈來愈多作品被譽具有世界觀的作家，獲邀擔任電視節目佈景、雜誌的場景設計、攝影的小物製作等工作。
試將該項工作的起始及工作內容，彙整如右。

空間設計・場景設計的幾點建議

單品的世界觀當然很重要，經過組合可以呈現出世界觀，將之實際呈現於空間或是雜誌版面，有其相當的價值。而身為團隊一份子，能與專業夥伴共事，亦為成長之契機。

空間設計・場景設計之應注意事項

片山理惠表示：「雖是為電視節目進行攝影棚布置，但基本上從演出者踏入攝影棚，直至完成之際，需要一邊發揮想像，一邊進行空間布置，屬於非常細緻的作業。」所謂的「空間設計」，需要調度搬運大量材料，並要在有限的時間內完成布置，包含準備與製作在內的時間管理，可以說是非常重要的一環。

片山理惠小姐的場景設計工作實例

case study 53

使用羊毛裝飾，將心中想像空間具象化！

片山理惠小姐

片山理惠將女性喜愛的閃閃發亮感，混入淺色的羊毛中，在架構完整的童話世界裡，營造出新型態的「羊毛裝飾」風格。她洋溢著個人風格的世界觀，引起媒體關注。

開始布置小型空間 發擴展領域及電視節目舞台

片山理惠以羊毛氈營造童話般的世界。她先在Box Gallery承租了邊長40cm的正方形空間，打造自己的異想世界，而後展開空間裝飾工作。她表示，自己以商業大樓樓面展示為契機，繼而接下電視舞台裝飾、雜誌攝影造型等工作，在領域逐步拓展當中，對於能將之前工作的想法與資訊，內化為自己的一部分，進而轉為設計一事，感到非常珍惜。

Creator's Data

Brand Name

ugodub

URL

http://www.ugodub.com/

Concept

洋溢優雅的心情與笑臉的空間，讓身心都倍覺幸福。

Item

- 立體作品、立體繪畫
- 羊毛裝飾作品（家具、雜貨、文具、配飾、玩偶、包包、鞋子、卡通人物、吊燈、空間等）

Price

15,000 至500,000日圓（作品）
50,000日圓起（空間設計）

Activity

- 作品展示 ●空間裝飾 ●廣告
- 吉祥物作品
- 擔任書籍《キラ☆ふわ羊毛裝飾小物》（小學館）與及雜誌之執筆
- 研習會

Pick Up Items

A

B

A 以羊毛裝飾的新構想，作成的魔術熊。

B 為空間裝飾作的羊毛花朵。可裝飾牆面。

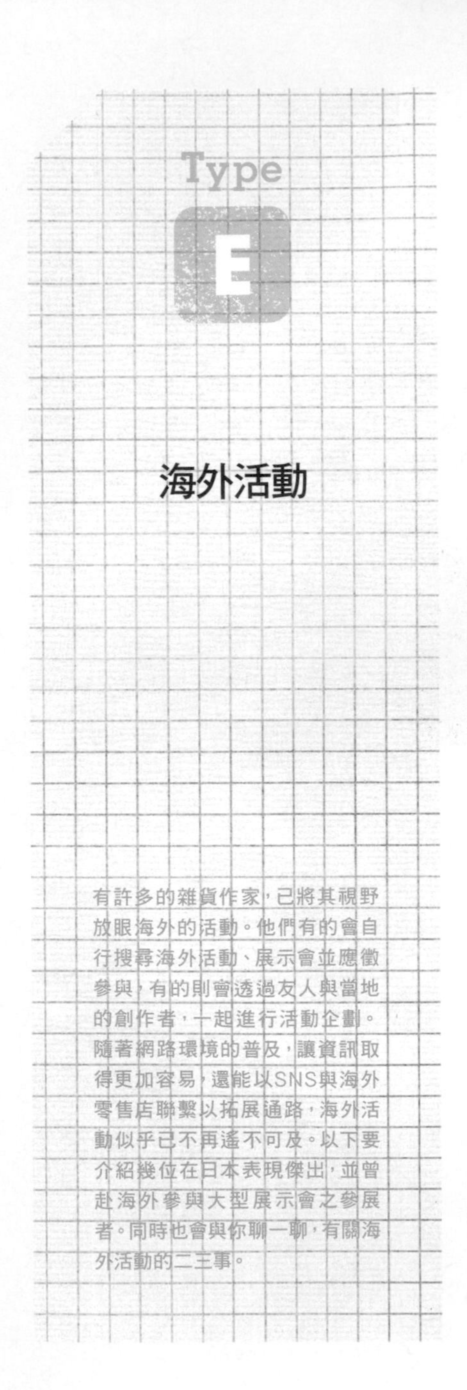

Type E

海外活動

有許多的雜貨作家，已將其視野放眼海外的活動。他們有的會自行搜尋海外活動、展示會並應徵參與，有的則會透過友人與當地的創作者，一起進行活動企劃。隨著網路環境的普及，讓資訊取得更加容易，還能以SNS與海外零售店聯繫以拓展通路，海外活動似乎已不再遙不可及。以下要介紹幾位在日本表現傑出，並曾赴海外參與大型展示會之參展者。同時也會與你聊一聊，有關海外活動的二三事。

海外活動的幾點建議！

進軍海外拓展市場，是海外活動很大的一個優點！不止如此，還能藉著外國人對日本手作雜貨的評價，擬訂下個戰略並設定目標。海外活動的經歷說不定還能為你的履歷錦上添花喔！

海外活動應留意的部分

首先，因為雙方的語言各異，多半無法像在國內一般，溝通無礙。因每一件事都要一手操持，所以諸如缺乏展示器材、作品收據開不出來等無關是否充分準備的突發狀況，都有極有可能發生。行程當中必然會有一些與作品製作無關且惱人的狀況發生，因此務必要捨去依賴他人的心情，抱持自行負責的精神，是非常重要的。

海外活動的注意事項

實際前往海外活動前的相關注意事項，整理如下。

Type E

法國聯展的經驗

這是我自己的故事，自己曾應在巴黎從事餐廳與設計的友人之邀，在當地舉辦了日本雜貨作家作品展。

找了朋友與熟識的作家及有意參與巴黎聯展者，來參與這次的活動。依這次的經驗，特將海外活動要注意的部分歸納如下。

・價錢標註方式各有不同

在日本以日圓標價，在海外以當地貨幣標價，這點無庸置疑。在稅金方面，亦需遵從當地法律。

・往返的郵資

能全數賣完當然最好，但幾乎都會有退貨情況發生。如果本人一同前去，就能自己帶回，但仍需支付寄回的運費及視情況產生的關稅等費用。

・當地有當地的行情

有關價格的部分，當地有當地的行情。雙方對價值觀也有不同的體認。

聖誕節時期的法國，繪本能賣到20至30歐元左右，若期望她們能像日本熟女一樣，只因物件可愛就掏錢購買，並不是那麼容易。

因此，價格若未訂在日本半價左右，很難全數賣完。

這是在法國舉辦聯展的實況。

Point 不以短期銷售額為目標

在海外工作時，有幾個部分的門檻較日本為高。舉例而言，一個臨時企劃舉辦的個展，要希望像在日本一樣高朋滿座！這在國外是很少見的喔！我認為，海外活動的目的，不要單純著眼於「銷售」的部分。

case study 54

以羊毛氈作甜點！活動領域跨足至巴黎

福田りお小姐

出版社看見了大家的期待 遂決定出書

「羊毛甜點」已成為福田的代名詞。來由始於與ハマナカ的毛氈羊毛21號的相遇。作好的小方塊顏色，就像海棉蛋糕一樣精緻好看。方塊上層擺上作好的草莓，瞬間大獲好評。因應粉絲要求，將作品上傳至拍賣網站，其競標價格高達13,000日圓。甚至還有學員搭機前來上課，超高人氣引起出版社的關注，於是應出版社之邀開始出書。

自創一格 引領羊毛氈流行

福田原以筆名進行相關活動，因為出書的緣故，讓她開始思考自己對於社會貢獻之定位，在決意承擔責任之後，便將本名公開。自己作者的身分得到了社會的認可，對於工作更加熱情投入。福田的「羊毛甜點」發想新穎、領先群倫，工作場域也逐步擴展至法國・巴黎等地。

Creator's Data

: Brand Name

Anemone.R

: URL

http://riofukuda.com/

: Concept

以羊毛製作仿真可愛的甜點。

: Activity

- 製作、展示工作
- 電視演出
- 出版《福田りおの羊毛スイーツの贈りもの》(日本ヴォーグ社)、《世界を旅する羊毛スイーツ》(成美堂出版)等書
- 於福田りお羊毛點心研究會培養後進

: 營業目標

非公開

活動的歷程

考察旅行時所接收的刺激 成為參加巴黎展的動機

福田因參加了巴黎手作考察旅行，實現海外工作的願望。她在考察之際便著手調查，回國之後與巴黎的刺繡老師取得了聯繫，意外得到至巴黎參展的邀約。遂實現了在巴黎展出的心願。

在起身前往到巴黎之前，手製了法語版套組！

福田到法國參展時，帶了法語版羊毛氈甜點套組一同前去。現場盛況空前，參加展覽的法國粉絲連日文版的書籍都想買回家呢！這次行動的成果，獲得該活動十周年記念展的邀約，於是再度啟程前往巴黎。福田充滿熱情的行動，讓羊毛氈甜點嶄新的可能性，在法國也得以展現。

Message

在海外是個新人。心中要有責任自負，不依靠任何人的準備，是相當重要的。
身懷「這個我會！」的自信，就能得到正面的評價。

anemone.R

Rio Fukuda

Brand History

- 2003年 初識羊毛氈手法，開始自學創作。
- 2004年 開始銷售作品給需求者。
- 2005年 因小孩入學，開始ANEMONE羊毛甜點教室。
- 2007年 第一本書《フェルティングニードルでつくる至羊毛フェルトのスイーツ》（日本ヴオーグ社）出版，同年於電視節目首次演出。
- 2009年 福田りお羊毛點心研究會正式講師培育課程一期生開始。成立TEAM As sweets！
- 2012年 2月在法國・巴黎「針と糸の祭典」發表作品。10月在法國・巴黎「針と糸の祭典Pro Version」展位展出。
- 2013年 2月在法國・巴黎「針と糸の祭典」十周年展，以招待作家的身分參展。

福田建立了研討會並致力培養後進，視野並不侷限於個人作家，更放眼於整體業界，成就相當耀眼。她在巴黎傑出的表現，不單為作家個人，也為羊毛甜點的未來，往前跨進了一大步。

case study 55

飛向美國、亞洲、歐洲！傳達橡皮擦印章的魅力

津久井 智子小姐

持續作著自己喜歡的事情 不知不覺中就與工作結合了

津久井智子自中學開始製作橡皮擦印章。大學畢業之後，就以「印章屋象夏堂」的商店名稱開始銷售。於節日或手作市集、展覽等活動被發掘，接著以橡皮擦印章講師的身分，參加電視節目演出。因著電視節目，而被橡皮擦印章材料廠商挖掘並且出書，正式展開橡皮擦印章職人生涯。

成為想以橡皮擦印章為業者所憧憬的對象

津久井平時除了參加電視節目之外，從不間斷出版新書，其活動領域相當寬廣。巡迴全國各地舉辦演講及研討會，每日不輟。對於自己的日常工作，津久井自謙地說：「開始時或許出於新奇，但有時未應徵也有工作上門，接下工作之後，就停不下來了。」如此活耀而傑出的津久井，是以橡皮擦印章為業者的標竿。

Creator's Data

Brand Name

象夏堂

URL

http://tsukuitomoko.com/

Concept

以悠閒、開心為主題的手雕橡皮擦印章。

Activity

- 橡皮擦印章、橡皮擦印章設計的明信片、信件套組、手帕等的銷售
- 展示活動與研討會
- 電視演出
- 出版《消しゴムはんこ。》（主婦の友社）、《消しゴムはんこ。はじめまして》（大和書房）等書

營業目標

20至50萬日圓（單月）

活動的歷程

首度海外活動
美國商展的商品宣傳

以橡皮擦印章職人之姿首度跨足海外，是在2008年，參加美國舉辦的印泥商展會場的商品宣傳活動。被問及美國人第一次見到橡皮擦印章介紹時的反應，津久井笑說：「讓人驚訝的作品來了！應該會很想看吧！」2012年，接到香港畫廊的提案，在當地舉行了個展及研討會。

讓橡皮印章的興趣
在世界各地紮根是她的夢想

當其著作相繼被引進台灣、中國、香港並被翻譯成當地語言時，她心想：「我要讓橡皮擦印章在海外發光發熱！」遂決定參加在巴黎舉辦的日本博覽會。商借展位並安排口譯。當時曾發生了在當地借調展示用具，卻只收到一件行李的糾紛。即便如此，因法國對於藝術家相當禮遇，獲得了圓滿的解決。
下次要舉辦個展！
夢想持續擴展中。

Message

日本博覽會的費用約為30萬日圓。「我要試試看！」針對想嘗試的部分逕行調查，而後展開了行動！就算其中或有棘手之情況發生，但也有會所斬獲，可將之運用在下次的活動上！

syokado

Tsukui Tomoko

Brand History

2003年	以「印章屋象夏堂」為名，開始銷售。
2004年	以「橡皮擦印章講師」的身分，參與電視節目演出。
2005年	第一本書出版。
2008年	在美國・洛杉磯的見本市示範橡皮擦印章。
2011年	東日本大震災的支援活動。銷售「支援東北印章貼紙」。
2012年	5月　於香港畫廊舉辦作品展。 7月　於法國・巴黎舉行的日本博覽會展出。 9月　於法國・史特拉斯堡歐洲博覽會展出。
2013年	4月　「LIFE,ART Tour Exhibition」亞洲巡迴展展出。上海會場的開幕式演出。 5月　「LIFE,ART Tour Exhibition」於香港會場現場演出&研討會。

圖中為2012年日本博覽會之一幕。準備了英、法語的簡歷卡及POP，前去參加。現場陳列了許多的手刻印章，有許多感興趣的人前來詢問。

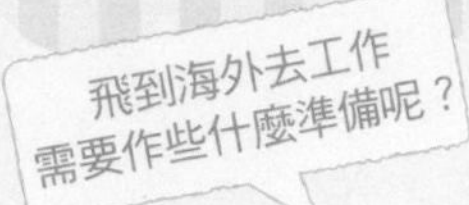

望月沙織的紐約挑戰記！

深獲好評的包包設計師——望月沙織，以最喜歡的圓點與條紋建立的品牌Saori Mochizuki。望月原本是一位雜貨作家，主要在雜貨店委售布小物。於2011年創立了新品牌，並想要將觸角伸往世界各地。在品牌建立不到一年的時間，便作品銷往美國紐約知名百貨。其動作迅速至近乎魯莽，讓人非常好奇，讓我們一起來聽聽，這樣的望月沙織，在紐約發展的祕密吧！

——為什麼想在紐約發展呢？

望月　建立新品牌之後，便將視野的觸角伸往海外，其品牌之核心理念也以倫敦紐約為目標。偶然自廣播得知位於紐約5號街的知名百貨・Henri Bendel準備舉辦Open See 的活動，當下便暗自下了決定。

Open See是一個經常性的商務談判會，主要在於找尋創作者拓展商品項目。這是個能向Henri Bendel的買家直接面談的機會。由於該活動無法預約，並以到場先後順序進行面談，中午即告截止，因此她在清晨4點，就開始排隊了。

——應徵時，要攜帶些什麼東西呢？

望月　英文版的美國尺寸名片、美元的FOB價格商品表。接下來，我把能裝入旅行箱的包包都塞入箱內，就這樣走進了Henri Bendel。

——結果如何呢？

望月　洽談時間大約在一分鐘左右。在這一分多鐘當中，必須出示商品並行說明。在國外洽談時所討論的不是商品定價，而是所謂的提示進價，意即FOB價格（商品批發價+從日本運自該地的費用＆保險費）。買方會從FOB價格來決定商品成本與進價，因此，在商談時要先備妥該份表格。這是一份必須提交的部分，買方也曾指出自己的FOB價格比較高。Henri Bendel的目標客群鎖定在21至25歲之間，而自己品牌目標客群為40歲左右。曾被明確告知：「作品很可愛，但不適合目標客群。」若能先針對目標客群進行調查，或許狀況會稍好一些，但就算知道了，我還是會去吧（笑）。

——在NY工作有何斬獲？

望月　有許多事情未曾涉獵，就無法了解其中情況。能與海外的創作者們在人氣商店共事，是一個相當豐碩的經驗。

——望月沙織目前的活動，以國內百貨公司為主。其品牌品項陣容堅強，今後發展令人更加期待！

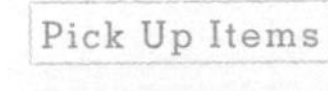

圖左為「編劇」系列的長夾，經常無觸的部分採牛皮製作。
圖右為「蛇蠍美人」手提包，採用活動式的蝴蝶結與裝飾花。

INTERVIEWEE

望月沙織小姐

Creator's Data
Saori Mochizuki
: URL　http://accent-item.com

其理念為將戲劇化隱入日常。手提包及背包周邊雜貨・服飾小物的商標。主要在百貨公司活動銷售・批發給零售商店。

Part 4

手作雜貨的「工作」重要須知

以下要介紹以手作家為業者的重要須知。此須知適用於每一個工作場合及工作。欲以手作雜貨為「工作」者，希望都能詳加閱讀。

如何將「興趣」變成「工作」？

在本書當中，陸續介紹了幾位以手作雜貨為工作者。喜歡手作、擅長手作的手作的人愈來愈多。但有不少人並未將手作當成一項工作，而是當成娛樂或興趣的延伸。
為了要將之當成「工作」並能持續創作不輟，而非只是興趣的延伸，提高事業意識是相當重要的。
接下來的部分，對於想以心愛手作當成「工作」，並持續經營者而言，是非常非常重要的PART。

只是喜歡並不足以成事？

為何想以手作雜貨為業呢？
「因為我喜歡啊！」
正在翻閱本書的你，想必也會作此回答吧！
因為喜歡，所以要把它當成工作！換言之，維持熱情的動機，是非常重要的部分。因為喜歡，所以也要努力，也能更努力。但是，再怎麼喜歡手作，也不一定非得要當成「工作」。
因興趣而作的手作雜貨，想賣卻賣不掉，因為興趣而成立的教室，卻一直無法凝聚人潮，我每天都能聽到如此這般的苦惱抱怨。實現自己的「夢想」，或許非常重要，但對於顧客與學員而言，卻是事不關己的他人之事。
要先把這句話，牢牢地記在心裡喔！

要以贏得大眾歡心為使命

那麼，對於顧客而言，哪一個部分才是最重要的呢？你製作的東西，可有滿足顧客的心情？你教給學員的作法，可有讓他們學會什麼？你本身的事情並不重要，攸關顧客利益之事，才是最重要的部分。
以「興趣」為起點的工作，除了自己之外，可以為他人帶來幸福或被需要嗎？
或許現在你心裡，充滿著實現「興趣」的期望與夢想。但是，一樣物品、事情或服務，如果沒有以被需要為目標，是無法讓顧客掏荷包付帳的。沒有金錢進帳的事務，就不能稱之為「工作」。沒有金錢的收入，這樣的夢想將在不知不覺中無以為繼。（如果你是一個大富翁，或許就能以興趣為名堅持下去，但那可不是「工作」喔！）

喜歡手作、擅長手作的你，為要以手作為「工作」，一定要以「永續經營」為前提進行佈局。因此，你要發揮自己喜歡與擅長的部分，並要試著想一想，要用什麼方式，才能有益於社會。

把自己感興趣、擅長的部分化為工作，這就稱為你自身的使命（宗旨）。顧客於你所謂的「興趣」，他們並不買帳，之所以掏出荷包，是因為相信你的「使命」會讓自己幸福。

一旦找到了使命
一切就會這麼順利！

能透過手作贏誰的歡心、是否有益於社會，就是身為手作家的使命。

你或許覺得過於誇大其詞。不過身為手作家的使命，不只有助於賺錢，對手作家的許多情況，也有很大的幫助。

手作家一旦找到了自己的使命，作品風格也將展現一致感，行動也將不再猶豫不決。在作品製作及行動方面都將展現出連貫性，這與只憑靈感行事，有很大的不同。

透過完成使命的核心價值，你在進行手作家活動時，將會大幅減少因一時語塞而困擾、錯誤選擇等狀況。請試著想一想，自己希望透過手作雜貨來完成些什麼呢？透過自身使命之確認過程，將有助於手作化為「工作」此事，踏出必要且最重要的一大步。

只因為「喜歡」這理由不行嗎？

當然，還是有些手作家持續活動的動機，是建立在「因為喜歡」的想法上面。有這樣的初始動機，非常棒。但為了長期經營，需要增加使命感的時期一定會來到。到了那個時候，再來回顧自己的活動也不遲。

中心理念
因你而生

我所經營的「雜貨工作私塾」，也包含線上教學，網羅了來自全國各地的學員。學員在入門之後，所要作的一件事，就是思考「使命」這門功課。

有些學員被問到使命就備感困擾，有的學員所提出的理念，無法與其作品融合，感覺上，這些學員的使命與他們的作品主題相距甚遠。

無論多了不起的使命，如果無法透過手作品完成，就失去意義。請好好思考一下，適合你作品及風格的使命吧！

在此介紹幾個
使命與作品完美結合的實例

當人們感覺受傷、脆弱或寂寞時，可以透過手作重溫愛與溫柔，不管是擺在身邊或拿起來觀賞，都能得到撫慰，讓心情溫暖而放鬆。此外，並希望將「想被愛，想被需要」的訊息傳遞到各處，營造出一個充滿愛與溫柔的和平世界。（羊毛氈作家Makiko的使命 於 P.118）

Makiko的羊毛氈熊貓很受歡迎。作品的主題為「家人的愛」。

Makiko將對孩子的愛、對育兒時期的感念、熊貓媽媽的母性及小熊貓的調皮，全都呈現在作品上面。希望藉著這些作品，將懷念之情、幸福的回憶、人類的愛及感情，全都投注在療癒熊貓及其他動物上，並將之帶到顧客的身邊，此為支撐Maiko持續創作的使命。

Makiko的想法讓許多人產生共鳴，並成為經營粉絲的主軸。

所謂的使命，不只要與多數人產生共鳴，擁有自己的風格也一樣重要。

將看不見的使命傳達給顧客

使命，非肉眼能清楚看見的事物。但顧客大多能受到使命的吸引，進而喜歡這件作品、這位作家。

要如何把使命傳達給顧客呢？首先，要在作品及手作家的活動中，注入使命。一位以「溫暖療癒人心」為使命的作家，若作品過於刺激前衛，作家本身也看來冷漠易怒，顧客則無法對其使命產生共鳴。

要將看不見、摸不著的使命傳達給顧客，有個簡單而有效的方法，就是將使命具體化，讓顧客能直觀感受到。

人類的感情不同於雜貨，是看不見、摸不著的抽象感受。正因如此，要在部落格、網頁、卡片、顧客的指南中，清楚明白地揭示品牌的宗旨使命。先以文字闡明，再盡量附上圖片或插圖。

確認自身的使命之後，再以淺顯易懂的方式傳達給顧客吧！透過確立使命的過程，將會了解到手作不僅是一種「興趣」，還能透過手作雜貨來滿足顧客。

品牌
常為實現使命而存在

前文提及，找尋屬於自己的使命。正確來說，並非是你個人的使命，而是指你身為手作家品牌的使命。

個人偶爾會從事與使命無關的行動，但是品牌活動的考量，皆須以實現使命為重喔！透過以上行動，使命就會成為品牌的強大魅力，進而營造更多粉絲。

手作家粉絲的凝聚，多由雜貨得知其製作者，並對製作者的品格與行動產生好感。若只是單純喜歡某件作品，不一定會持續購買同作者的下一件作品，但欣賞你的人格特質者，除了持續購買作品之外，或許能更進一步與之結為好友（廣交益友是一件令人開心的事，但仍要以手作為重，以期透過手作來滿足顧客）。

將手作化為「工作」還有另一個非常重要的理由，非關某件作品，也不是你個人本身，而是那些喜歡你的手作品牌的粉絲們。顧客的心情從「喜歡某件作品」變成「喜歡某人」再成為「喜歡某個手作品牌」，形成一群品牌忠誠度高且充滿熱情的粉絲。

為品牌賦予使命，是培養熱情粉絲不可或缺的一環。藉著訴說為何有此品牌、有此使命，對於初次接觸者手作的購買者，有著強烈的吸引力。

身為手作品牌創立者，是否參與任何活動，都要以使命作為判斷基準喔！舉例而言，一個以「溫暖療癒人心」為使命的品牌，不會參加無法療癒人心的活動。

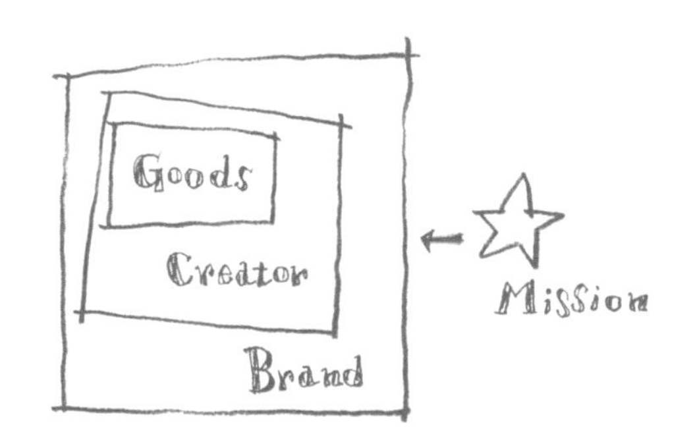

藉著使命 讓工作得以延續

若想以手作雜貨為「工作」並維持營收，創作使命的形象塑造，是個非常重要的環節。

如果一開始是以「因興趣而作，只要賣掉作品就超開心！」這樣輕鬆的心情入行，可能會造成只注意銷售量、定價毫不考慮利潤，不斷增加種類、庫存滿倉等狀況。

當東西賣掉了，心裡都會無比開心，但若未能確實加上利潤，即使現階段看起來還不錯，但數年之後，雜貨作家的工作將無法長久經營。為了實現你的使命，為作品加上利潤的勢在必行。

不同於其他的雜貨、帶著它就有自信……都是顧客購買作品的理由。這些理由，就是作品的價值。

只能賣出便宜物件的雜貨作家，除了便宜之外，再無法提供提其他吸引人的理由。找出作品除了便宜之外的價值，並視其為工作所能提供給顧客的優點吧！

擁有專業意識 就是擁有使命嗎？

經常聽到「要有商業考量、專業意識，深愛的手作才能持續」的說法。我也常引用一這段話。

「專業意識」指的是什麼呢？是營銷嗎？

所謂擁有專業意識，舉例而言，製作的東西並不一定是自己喜歡的風格，而是迎合購買者的喜好而作；教授的雜貨作法，是學員真正想學的，而非自己拿手的項目。

業餘者大多專注於自我滿足，而專業者則致力於滿足他人。是否覺得這段話似曾相識呢？

是的，業餘者並未身負使命。因此他們只聚焦於自己的嗜好，手作的目的只在於自身的滿足。而專業者要滿足顧客，是因為他們的使命，唯透過滿足顧客方得以達成。

一旦找到了使命，專業意識便自然成形。舉凡把賣東西給誰、能否能討得歡心等銷售的基礎概念，也隨之而生。而利潤與盈餘則是必然的結果。

以「興趣」為「工作」的實務

剛開始以手作雜貨為業者，多半會以自宅當作工作室，從事授課及製作。也有一些人是從興趣開始，之後才注意到收入這一部分。因此，有不少人對於是否要出具開業報告，並不是非常清楚。
雖然是手作方面的工作，但只要持續銷售參展，即屬事業的一種，就有提出開業報告的必要。公布開業的最後申報，不僅能獲得稅款減免，也能列入費用計算。

❶ 提出必要的報告書（以下為日本國內規章）

開業歇業等申報書

確定將「興趣」轉化為「工作」後，就要動手製作開業報告。這是一份向收受國稅（所得稅）之稅務局告知，個人事業即將啟動的文件。
在開業後的一個月內，就要向納稅管轄地之稅務機關，提交個人事業開業・歇業等申報書。國稅局備有申報表格，或從國稅局網站下載亦可。

申報的許可申請書

所謂藍色申報書，是記帳達一定程度後，依記帳內容所製成的最後申報表，此申報方式比普通法人享有更多稅收優惠。此表亦為接著要說明的「金錢的管理」之指標。這份表格利於節稅，請務必申報。
在營業後的兩個月之內，就要向主管納稅地的稅務局，提交一份「所得稅的藍色申報許可申請書」。若未事先提交之前所提過的開業報告，當局將無法受理此項申請，國稅局備有申報表格。或從國稅局網站下載亦可。

個人事業開始申告書

上述兩項，為向稅務署提交的國稅申請。「個人事業開始申告書」的部分，則是一份有關繳交地方的企業稅・住民稅的文件。
開業之後，就要立即向工作地點的都道府縣稅務單位及市村鎮公所提交本申報表。

在細部作業方面，依照各都道府縣可能稍有不同，請與工作地點的相關單位作確認。

❷ 金錢管理

金錢管理與專業活動之間，有著密不可分的關係。銷售額多少？每個月大致支出多少費用？確實掌握金錢的流向，就能控制無謂的支出，並能清楚今後的投資方向。

或許有很多人會覺得金錢管理相當棘手，就當成登錄家中的收支簿，好好地掌握每天的收支吧！

① 先從紀錄開始

製作作品的材料費、休息時間提供學員的茶資、出門買材料的交通費;將何時、何地買了些什麼？花了多少錢？都加以詳細記錄。

條謝記錄在市售的現金出納簿，也可運用會計專用軟體及Excel等計算軟體，進行管理。

每天都要確實計算，再針對單月的金錢流向，詳加確認吧！

② 將收據、發票貼收集在筆記本

就算是購買一件很小的東西，也要養成拿收據的習慣喔！不只要記載在金錢收支本，並且要將收據或發票貼在筆記本裡，加以收集整理，以便日後查詢。並逐月彙整。

③ 準備工作專用的帳戶

將匯出購買材料、匯入銷售款項用的工作專用帳戶與個人帳戶分開，管理起來會比較方便。

❸ 人的管理

所謂人的管理雖然感覺上很困難，其實就是對顧客、學員與客戶的資料，進行正確的管理。

想進行長期的經營，手中一定要有顧客資料表。

從表格當中，可以得知何者？曾在何處？購入何物？參加過什麼課程？

針對各個顧客學員的特性，分別進行宣傳。這份表格於網路交易尤其重要，是否持有顧客表格，可關乎生意成敗。

顧客到店完成交易之後，就要好好管理相關的資訊，千萬不要漠不關心而流失客源喔！

① 製作管理表格

舉例而言，自網路管道購買作品的顧客，則可使用E xcel等的試算軟體，將購買的日期、聯絡的地址、電子郵件、姓名、購買物品等項目填入表格，加以管理。

② 善用作好的資料吧！

購買作品的顧客及上課的學員，雖說在消費當下都很滿足，但不一定能成為回頭客。
為了讓對方不要忘記作品及教室的點滴，請定期寄送問候郵件，來建立彼此的關係吧！

❹ 物品的管理

舉例而言，若將雜貨作品委由店家代售時，維持供貨保持庫存充足，就是一件很重要的事情。當雙方交易持續到一定程度時，大約就能得知暢銷品有那些，即能預先進行製作，以維持其庫存量。以下將繼續說明，有效的管理物品方式。

① 製作庫存表

身為銷作品的作家，庫存為必備表格。可利用電腦進行輸入或以筆記方式，列出各類物品的庫存量，當接獲商店詢問庫存時，就能立即回覆。將品號、品名逐項分類歸納整理，用起來會相當方便。

② 製作材料表

發現喜歡的部件或布料時，總在不知不覺間購買了！這樣的材料迷似乎不少。
製作新品很重要；維持材料貨源充裕，讓眼下銷售的作品無斷貨之虞，也同樣重要。所有的材料都要好好管理，並且要準備齊全喔！
以教學為業者，於借給學員們的工具及提供給學員的材料，都必須善加管理。
請針對不同的講座，善加管理各項必要的器材。

以手作雜貨作為「工作」的Q&A

在此將手作職人經常詢問的開業問題彙整如下。當你覺得無所適從時，不妨參考一下吧！

Q1 目前以參展的方式銷售手作雜貨。當初為手作品訂出具有利潤的價格，卻怎麼都賣不出去。我應該認賠售出，減價銷售嗎？

A1　不是的。在降價求售之前，有幾件需要考慮的事情。

請先思考當初參展的目的為何？如果是想藉活動得知顧客的評價，那麼請就一開始所訂的價格，再試著挑戰一下。若你的作品能給人「價格合理」的價值感，即可順利售出，若「價格不合理」則會滯銷。但銷售方式依活動客層各有不同。因此，作品放在原設定銷售對象場合進行銷售，方能驗證。即便是為銷售而舉辦的活動展，也要先調查來客屬性，再行參展喔！

Q2 我以成本的3倍作為定價，但委託銷售之後，利潤僅餘數百日圓。請問定價只能取成本的3倍嗎？

A2　定價不一定落在成本的3倍。

所謂成本的3至4倍只是一個初始的標準。作品的價格會因為目標客群及銷售地點，而有不同。一旦考量要以什麼樣的品牌銷售，就可以決定要委託何者銷售，進而得知合理的定價。舉例而言，一件專為四十至五十歲的女性設計、材質考究的飾品，若擺在以學生為主要客群的格子商店中，當然是乏人問津。若改置於百貨活動展場或精品店，顧客購買的機會將會大增。請先試著想一下，哪種顧客在何種場所，會想花多少錢來購買。手作雜貨的價格不能單從時薪來計算。正因如此，正確掌握在哪裡銷售？銷售的對象是誰？是非常重要的。

Q3 **目前以委託銷售及參展的方式販售作品，而委售收入尚需扣除委託費用與佣金。請問若是採委託方式銷售，相同作品可以調整成不同的售價嗎？**

A3　相同的作品應該以相同的價格售出。

一樣的商品，如果在委售商店比較貴，而網路商店比較便宜，顧客當然選擇在網路商店購買。若是作品價格因地點而異，除了會造成委託方困擾之外，也會讓顧客猶豫於兩者的差異。依照自己的情況，統一作品的定價。要先思考往後活動的類型，再開始決定價格喔！若分別採以委售或直售的方式販售，定價時也要一開始就將利潤包含在內。若曾以網路或活動銷售的直售作品，想改以委售方式銷售時，可以採不同於前品的升級版方式，墊高價格再進行委售。

Q4 **一直以來，總是有朋友要求「幫我作好嗎？」應他們的請求，卻得到「算便宜一點啦！」等要求折扣的聲音。自己為了學習技術而拜師學藝，製作技法也日益精進，希望提高價錢出售。怎麼作才好呢？**

A4　朋友不一定是你的顧客。

朋友或許在支持你的手作事業，但若真心支持，我想是不會要求要打折的。若你製作的東西，成本要比定價更高，那就是把賣方＆目標客群的定位給搞錯了。請技巧性謝絕朋友的要求，為你的目標客群準備作品吧！此外，改變價格要先有流失目前的顧客的心理準備喔！

Q5 **我正準備參加活動展出。在名片印上本名，會比較好嗎？**

A5　名片所提供的內容，依其目的而有不同。

舉例而言，若是一般活動用的名片，只要印上品牌名稱、部落格或網址即可。如果想突顯品牌名稱，可以在核心理念、使命及圖片方面，多花一些心思，更能達到具體的效果。另一方面，商店老闆或廠商也會參加活動。如果想要藉此連結下一個工作，準備另一份印有本名與連絡e-mail、電話號碼的名片，會比較方便。

Q6 即將參加一場大型活動。展場布置要如何準備，才能吸引更多的目光？

A6 展場布置也是你的作品！

展場布置，也是一件可以展現世界觀的作品。請透過展場布置傳遞你的世界觀。如果牆面可以承租，請承租牆面並立起，以便與其他參展者作區隔。以品牌色系為主要用色。在參展者林立的活動裡，精心布置的參展者，即使是第一次參展，也足以令人留下深刻印象。好不容易有參展的機會，一定要用心布置，將作品的優點傳遞出去喔！

Q7 想將作品委託喜歡的商店代售。試著以電子郵件聯絡，卻遲遲沒有收到回音。我該就此放棄嗎？

A7 可以再試著連絡看看。如果對方是小型商店，可能為老闆一人經營，手邊若有需要優先處理的工作，就無法即時回信給你。當再一次取得聯絡時，請先把自己曾在何時寄送郵件，及自己作品類型等相關資訊，傳達給對方。

Q8 想成為文化單位手作講師。但我目前尚無教學經驗，這樣可以成為講師嗎？

A8 試著應徵看看吧！

誠如P.85的受訪者所言，常有文化單位募集講師。在應徵時，請先把作品及傳遞作品魅力的圖片備妥，個人的熱忱與品格，也是錄取的重點。完整且詳細的闡明自己能帶給學員與學校的價值。作品難度並非錄取要件，一個適合初學者的講座，遠比複雜的作品更具魅力。即使未獲錄取，也可以向活動研討會或咖啡店商借場地，先為自己累積相關的教學經驗喔！

Q9 我想要銷售手作品，又想在研討會中擔任講師。該選擇哪條路好呢？

A9 不妨想一個兩全其美的辦法！

請回想一下，自己以手作雜貨為業的初衷為何呢？

因作品備受喜愛而感到開心？學員學會了製作方法而帶來成就感？我想很多人已經從手作事業中找到了意義，有益於他人的工作方能長久。若想兼顧兩者，那就想一個兩全其美的方法吧！先展開教學工作，藉此讓學員成為你的粉絲，說不定他們會開始購買你的作品喔！

Q10 我不擅長操作電腦，也沒有自己的部落格或Facebook，這樣也能成為雜貨作家嗎？

A10 可以的！

所謂「成為手作家」，意即成為一位專家！將對顧客的責任銘記在心、作品是否滿足顧客需求……這些身為專業職人的重要概念，皆遠勝於電腦專業。

雖然許多雜貨作家都會在部落格、Facebook、Twitter……發布相關的資訊，若未能加入上述社群也無妨。活動參展也能推廣作品，只要參加活動就能直接進行銷售。但因為活動申請程序及與主辦者的溝通聯繫，幾乎都用e-mail聯絡。雖然智慧型手機也能收發e-mail，但具備電腦基本常識，後續的聯絡會比較方便。

Q11 我是製作布製小物的手作人。請問可以利用現成的人氣卡通布料，作成布製小物出售嗎？

A11 這要事先調查清楚喔！

使用卡通布料作成的作品，本不應當成原創作品銷售。很多卡通布料僅提供個人創作欣賞，不允許販售。一定要事先洽詢銷售的店家或布商。

Q12 想與廠商一起工作，該如何準備好呢？

A12 先試著站在對方立場思考吧！

先把簡歷與作品檔案備妥，看到公開招募的資訊，就大膽地前往應徵吧！精心準備的簡歷及作品資料、獨特的風格與明確的世界觀，及最重要的正直人格，皆是錄取重點！清楚該廠商的特色及風格，也是錄取與否的關鍵。

即使沒能參加公開招募，還是有機會成為其中一員。據熟識的作家表示，他們會在有空閒時，搜尋大約一百家廠商，增取洽詢合作的機會，最後成功與二十家公司取得合作。秉持著持續努力永不放棄，也是相當重要的工作態度。

結語

「想寫一本有關銷售手作雜貨的書。」我與編輯成田晴香小姐這樣說道。
才不到一年的時間，這本實用的好書即已完工。

本書原本朝著「手作雜貨的銷售書」的方向撰寫，但經觀察自己的「雜貨工作私塾」的學員，發現他們銷售之餘，也開班授課接辦活動、協助廠商商品開發……這些可以是手作人的工作項目。
那麼，就向學員們看齊，製作一本「將心愛手作雜貨化為工作」的書吧！

本書在進行取材之際，手作雜貨銷售環境也在悄然改變中，一年前尚未成形的網路服務工具，也在此時接連問世，我每次都會：「啊！這資訊我也要放進來！」一直不斷地新增修改。

這是個追求速度的時代。

我想，耗時費工且與瞬息萬變的資訊社會背道而馳的手作雜貨，之所以受到大家的喜愛，或許是因為人們想藉此平衡生活的步調吧！
若果真如此，今後手作雜貨的需求量，應該會愈來愈大呢！

這本書的出版，讓我個人的使命再度達成一項任務。

有多位目前日本相當出色的雜貨作家，在本書輪番登場。

某些作品或作家的名字，你一定曾經在哪見過！

下一次，若是要撰寫有關手作方面的書，說不定就輪到你上場了。

本書若能成為你的手作職人教科書，我會感到非常榮幸。

在這裡，要向諸位情義相挺輪番上陣的傑出雜貨作家朋友們、雜貨工作私塾的所有學員、協助完成此書的成田晴香小姐（マイナビ）及傾力支持本書的讀者們，獻上我最誠摯的感謝之意！

マツド アケミ

マツド　アケミ的使命
忠於工作、雜貨、服務
為向世人致上感謝之意而作！

手作良品 64

手作人の快樂經營方程式

作　　者／マツド アケミ
譯　　者／張鐸
發 行 人／詹慶和
總 編 輯／蔡麗玲
執行編輯／李佳穎
編　　輯／蔡毓玲・劉蕙寧・黃璟安・陳姿伶・李宛真
封面設計／韓欣恬
美術編輯／陳麗娜・周盈汝・韓欣恬
內頁排版／韓欣恬
出 版 者／良品文化館
戶　　名／雅書堂文化事業有限公司
郵政劃撥帳號／18225950
地　　址／220新北市板橋區板新路206號3樓
電子信箱／elegant.books@msa.hinet.net
電　　話／（02）8952-4078
傳　　真／（02）8952-4084

2017年6月初版一刷　定價 450元

總經銷／朝日文化事業有限公司
進退貨地址／235新北市中和區橋安街15巷1號7樓
電話／（02）2249-7714
傳真／（02）2249-8715

國家圖書館出版品預行編目（CIP）資料

手作人の快樂經營方程式 / マツド アケミ著；張鐸譯.
-- 初版. -- 新北市：良品文化館, 2017.06
面；　公分. --（手作良品；64）
譯自：ハンドメイド 貨のお仕事BOOK 「好き」を「仕事」にする
ISBN 978-986-94703-3-9（平裝）

1.創業 2.手作 3.銷售管理

494.1　　106007869

Staff

設　　計／原てるみ
　　　　岩田葉子（mill design studio）
攝　　影／川しまゆうこ
D T P／斉藤光洋（株式会社グレイドLA71）
插　　圖／オーツノコ
攝影協力／ロハスフェスタ実行委員会（P.30）、
+flower（P.45）、Atelierseed（P.45）、
雑貨屋RunaRuna（P.46）、
Romantica*雑貨室（P.46）、
SORANICLE（P.46）、koti（P.46）、
イシロヨウコ（P.51）、ui（P.52）、
宇都宮みわ（P.69、P.85）、
東急セミナーBE（P.85）、野道（P.100）、
古木明美（P.115）、片山理恵（P.121）、
福田りお（P.125）、津久井智子（P.127）、
望月沙織（P.128）、
マツド アケミ（P.86、P.123）
攝影協力／Plants http://ameblo.jp/plantscafe/
編　　輯／成田晴香、蓮見紗穂（株式会社マイナビ出版）